글 박정애, 이유진 | 그림 임종철

발행 조선매거진(주)
발행인 이창의
편집인 이창희
기획 · 편집 김화(팀장), 이경미, 김민정, 박영빈
디자인 디자인스퀘어
제작관리 이경섭(실장), 정승헌, 박성화
마케팅 백상호(본부장), 최종현, 김재원

초판 1쇄 발행일 2010년 6월 9일
초판 3쇄 발행일 2011년 9월 30일

전화 편집 724-6726~9 | 마케팅본부 724-6795
등록 제2-3910호
등록일자 2004년 1월 7일

주소 서울특별시 중구 태평로 1가 62-4 조선미디어 광화문센타 7층(100-756)

ISBN 978-89-93968-22-4 (63400)

값 11,800원

하루 10분 20일만에 중학과학 개념잡기

스타쌤 ☆

중학과학을

잡아줘!

박정애, 이유진 글 · 임종철 그림

키즈조선

초등학교와 중학교 과학은 다르지 않아요!

"전 과학자가 될 거예요."

초등학교 때에는 미래의 과학자를 꿈꾸는 어린 과학도들이 많았어요.

그런데 중학교에 오면 그 꿈이 바뀌는 경우를 종종 볼 수 있어요.

선생님은 중학교에서 여러 해 동안 학생들을 가르쳐 왔는데, 시간이 지날수록 과학을 점점 어렵고 재미없게 느끼는 학생들을 보며 너무 안타까웠답니다.

여러분, 초등학교와 중학교 과학은 다르지 않아요.

중학교에서 공부하는 거의 모든 내용이 초등학교 교과서에도 있거든요. 중학교에서 무조건 새로운 내용을 배우는 건 아니란 말이죠. 다만 초등학교 때에는 신기하고 흥미로운 현상 위주로 배운 것을 중학교에서는 원리와 공식으로 좀 더 깊게 탐구해 가는 것뿐이에요.

그러니까 괜히 중학과학에 겁부터 먹지 말아야겠죠?

이 책은 2010년부터 시행된 중학교 7차 개정 교육 과정의 교과서 내용을 물리, 화학, 지구과학, 생물 분야로 나누어서 쉽게 이해할 수 있도록 설명했어요.

여러분의 꿈이 초등학교, 중학교, 고등학교에 가서도 계속 이어질 수 있는 버팀목이 되기를 바라는 마음이에요. 더불어 곧 중학생이 될 딸에게 중학과학을 재미있게 느끼게 해 주고 싶은 소망도 함께 담았답니다.

 박정애 선생님이

"어떻게 해야 과학을 잘할 수 있을까요?"

선생님이 제일 많이 받은 질문이에요. 공부를 안 해도 잘할 수 있다면 얼마나 좋을까요?

하지만 그럴 수 없다는 건 여러분이 더 잘 알 거예요.

그렇다고 무조건 열심히 한다고 다 잘할 수 있을까요? 그것도 아니죠.

내용의 큰 흐름, 즉, 줄기를 찾아내는 과정이 과학 공부의 기본이자 핵심이에요. 그 핵심만 찾아낸다면 그 누구보다 적은 시간에 더 큰 효과를 누릴 수 있을 거예요.

그럼 초등, 중, 고등학교에서는 과학을 어떻게 공부할까요?

쉽게 예를 들면 초등학교에서는 과학이라는 집의 뼈대를 만들고,

중학교에서는 이 뼈대에 벽돌을 쌓아 형태를 만들고,

고등학교에서는 만들어진 집의 내부 인테리어를 하면서 꾸미고 다듬는다고 생각하면 좋아요

그러니까 초등학교 과정을, 또 중학교 과정을 제대로 거치지 않으면 기초가 없는 집에 벽돌을 쌓듯이 고등학교에 가서도 과학의 집을 제대로 지을 수가 없어요.

이 책은 이런 흐름 속에 있는 우리 학생들에게 실질적인 도움을 주고자 썼어요.

중학교 1, 2, 3학년 동안 배우게 될 내용의 전체적인 흐름과 뼈대를 통합해서 알짜만 쏙쏙 뽑아서 만들었거든요. 초등학교 친구들에게는 중학교 학습 내용이 초등학교와는 별개의 것이 아닌 연결된 공부라는 것을 알려 주고, 중학교 친구들에게는 3년 중학과학을 한번에 꿰뚫어 과학 공부의 맥을 잡아 주는 안내서가 될 거예요.

여러분 누구나 과학을 잘할 수 있어요.

이 책을 읽고 과학에 자신감을 가져 보세요! 파이팅!

 이유진 선생님이

운동과 에너지

연계 초4 수평 잡기 | 전구에 불 켜기 | 용수철 늘이기
연계 초5 거울과 렌즈 | 물체의 속력 | 전기 회로 꾸미기 | 에너지
연계 초6 전자석 | 편리한 도구

물질

연계 초4 우리 생활의 액체 ∣ 혼합물 분리하기 ∣ 열에 의한 물체의 부피 변화 ∣
　　　　모습을 바꾸는 물 ∣ 열의 이동과 우리 생활
연계 초5 용액과 용해 ∣ 용액의 진하기 ∣ 용액의 성질 ∣ 용액의 반응
연계 초6 기체의 성질 ∣ 여러 가지 기체 ∣ 물속에서의 무게와 압력 ∣ 연소와 소화

3 생명

연계 초4 강낭콩 | 식물의 뿌리 | 동물의 생김새 | 동물의 암수
연계 초5 꽃 | 식물의 잎이 하는 일 | 작은 생물 | 환경과 생물 | 열매
연계 초6 우리 몸의 생김새 | 주변의 생물 | 쾌적한 환경

지구와 우주

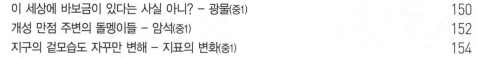

연계 **초4** 강과 바다 ┃ 별자리를 찾아서 ┃ 지층을 찾아서 ┃ 화석을 찾아서
연계 **초5** 기온과 바람 ┃ 물의 여행 ┃ 화산과 암석 ┃ 태양의 가족
연계 **초6** 지진 ┃ 여러 가지 암석 ┃ 일기 예보

01 운동과 에너지

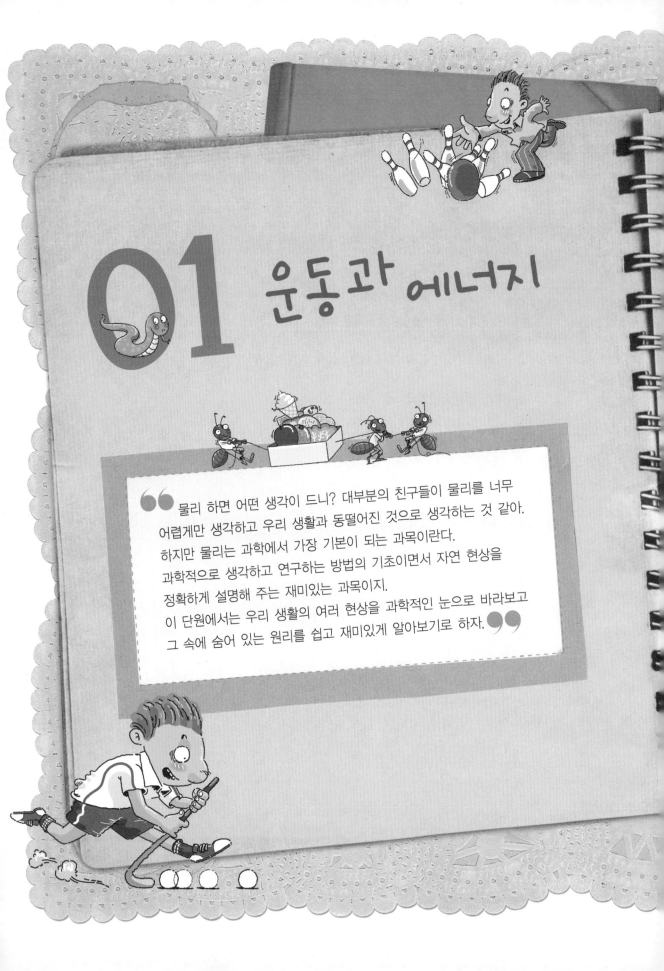

물리 하면 어떤 생각이 드니? 대부분의 친구들이 물리를 너무
어렵게만 생각하고 우리 생활과 동떨어진 것으로 생각하는 것 같아.
하지만 물리는 과학에서 가장 기본이 되는 과목이란다.
과학적으로 생각하고 연구하는 방법의 기초이면서 자연 현상을
정확하게 설명해 주는 재미있는 과목이지.
이 단원에서는 우리 생활의 여러 현상을 과학적인 눈으로 바라보고
그 속에 숨어 있는 원리를 쉽고 재미있게 알아보기로 하자.

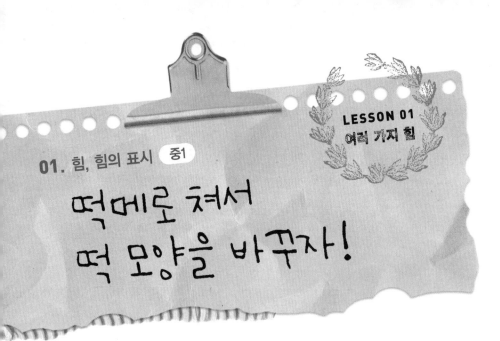

01. 힘, 힘의 표시 중1

떡메로 쳐서 떡 모양을 바꾸자!

사람이 동물보다 힘이 약한데도 무서운 사자와 덩치 큰 호랑이마저 이길 수 있는 이유는 무엇일까? 사람은 과학적으로 힘을 분석하고 이용할 줄 알기 때문이야.

사람을 그렇게 강력하게 해 주는 힘이란 뭘까? 만질 수는 없어도 '힘'에 대해 이미 알고 있다고? 그래, 너희가 생각하는 힘은 아마 이런 것들일 거야.

약사 : 이 약을 드시면 당분간 약의 힘 때문에 효과가 있을 거예요.	효과
육상 선수 : 힘 닿는 데까지 열심히 뛰겠습니다.	에너지, 체력
회장 후보 : 제가 회장이 되려면 여러분의 힘이 필요합니다.	도움, 지원
선생님 : 힘껏 최선을 다하면 좋은 결과가 있을 거야.	노력
어머니 : 시험 결과가 좋지 않다고 실망하지 마. 힘내!	기운, 용기
생선 장수 : 상자를 들어 옮기려니 힘이 드네.	물체를 움직이게 하는 요인

하지만 과학에서는 힘이 작용하여 관찰 가능한 변화가 나타난 것만 **힘의 효과**라고 한단다.

무슨 말인지 한번에 그려지지 않지? 몇 가지 예를 들어 볼게.

명절이면 인절미 떡을 만들 때에 떡메로 아래 판에 놓인 떡 덩어리에 힘을 가하는 모습을 텔레비전이나 민속촌에서 봤을 거야. 떡메를 쿵 하고 내려치면(힘의 작용) 아래에 있는 찹쌀떡 덩어리가 납작해지잖니(관찰 가능한 변화)? 이렇게 물체의 모양을 변하게 하는 걸 과학적으로 힘의 효과라고 하는 거야. 용수철을 잡아당겨 늘어나게 하는 것도 바로 힘의 효과이고.

하키 선수가 상대팀 선수를 피해 골을 넣고자 굴러오는 공을 이리저리 방향을 바꾸면서 속력을 조절해 치잖니? 이렇게 스틱으로 쳐서 속력과 운동 방향을 바꾸는 것도 힘의 효과지.

물체의 모양을 변하게 하거나 속력이나 운동 방향 등의 운동 상태를 변하게 하는 결과가 나타날 때 그 원인을 힘이라고 해.

중학과학에서는 그냥 힘을 아는 것만으로는 충분하지 않단다. 눈에 보이지 않는 힘을 나타내 주어야 해.

무엇보다도 힘이 어느 지점에 작용하는지(작용점), 어느 방향으로 작용하는지(방향), 얼마만큼의 크기로 작용하는지(크기)의 3요소가 중요하단다.

그래서 힘은 화살표로 나타내는데 3요소를 모두 표시하게 되지. 화살표의 시작점을 작용점, 방향은 화살표가 나가는 방향으로 나타내고, 크기는 화살표의 길이로 나타낸단다.

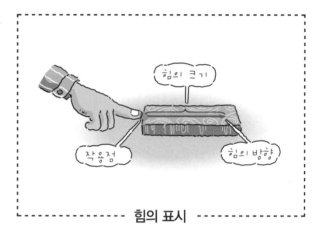

힘의 크기
작용점
힘의 방향

힘의 표시

이러한 힘의 크기는 과학자 뉴턴(Newton)의 이름에서 따온 단위인 N(뉴턴)을 사용해.

1N의 힘은 어느 정도의 크기일까?

1N은 지구의 표면에서 약 0.1kg(킬로그램)의 물체를 들고 있을 때 드는 힘의 크기와 같단다. 이 힘은 물이 $\frac{2}{3}$ 정도 담긴 종이컵을 들고 있을 때나 큰 자두 1개를 들고 있을 때, 또는 작은 귤 1개를 들고 있을 때 드는 힘과 거의 같은 크기가 되지.

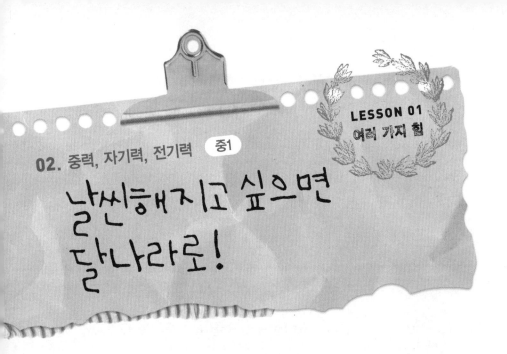

날씬해지고 싶으면 달나라로!

우리 주변에는 여러 가지 힘이 있어.

1665년 뉴턴은 울스소프의 정원에서 떨어지는 사과를 보고 '사과는 왜 아래로 떨어질까?' 하고 의문을 품었어. 궁리 끝에 뉴턴은 질량이 있는 물체 사이에는 보이지 않지만 서로 끌어당기는 힘이 있다고 결론을 내렸어.

그러니까 지구는 사과를 잡아당기고 사과는 지구를 같은 크기의 힘으로 잡아당긴다는 거야. 하지만 지구는 매우 크기 때문에 질량이 작은 사과가 지구 쪽으로 끌려오게 된다는 거지. 뉴턴의 발견으로 사람들은 중력에 대해 알게 되었어.

사과처럼 지구상에 있는 모든 물체는 지구 중심을 향해 끌어당겨지는데 이 힘을 **중력**이라고 한단다. 그래서 우리는 둥근 지구의 어디에서도 똑바로 서 있을 수 있는 거야.

물체에 작용하는 중력은 그 물체의 무게와 같아. 몸무게가 무거운 사람은 가벼운 사람보다 더 큰 중력을 받는다는 말씀!

중력은 지구뿐만 아니라 달에서도 작용해. 하지만 달의 중력은 지구 중력의 $\frac{1}{6}$이기 때문에 몸무게도 $\frac{1}{6}$로 가벼워진단다. 달에 가면 날씬해질까?

사과는 바닥으로 떨어져.

중력의 방향

몸무게는 적게 나가지만 안타깝게도 나의 살들은 달에서도 변함없이 그대로라는 것!

이번에는 자석의 힘에 대해서 알아보기로 하자.

자석에는 N극과 S극이 있는데 같은 극끼리는 밀어내고 다른 극끼리는 잡아당기는 것을 잘 알고 있지? 이렇게 자석과 자석 사이에서 밀거나 끌어당기는 힘이나 자석과 쇠붙이 사이에 작용하는 힘을 **자기력**이라고 해.

그런데 자기력과 같은 성질의 힘인 **전기력**이 또 있단다. 건조한 겨울철에 머리카락을 빗으면 찌릿찌릿하면서 머리카락이 빗에 달라붙게 되지? 이것은 마찰에 의해 머리카락과 빗이 모두 전기를 띠기 때문이야. 머리카락은 (+)전기, 빗은 (−)전기를 띠게 된단다. 다른 전기끼리는 서로 끌어당기기 때문에 머리카락이 빗에 달라붙게 되는 거야.

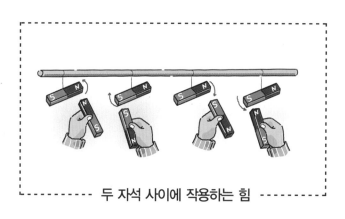

----- **두 자석 사이에 작용하는 힘** -----

만약 두 물체가 같은 전기를 띠고 있다면 자석의 같은 극끼리는 서로를 밀어내는 것과 마찬가지로 서로를 밀어내게 돼.

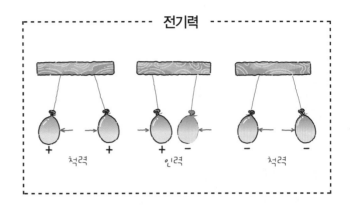

전기력

척력 + +
인력 + −
척력 − −

자석의 N극과 S극을 나눌 수 있을까?

자석을 반으로 자르면 원래 N극인 곳은 그대로 N극이지만, 반대쪽은 S극이 된단다. 결국 크기가 작은 2개의 자석이 되는 거야.
그리고 또 반으로 자르면 더 크기가 작은 자석 4개가 된단다.
결국 자석의 N극과 S극은 나눌 수 없는 거지.

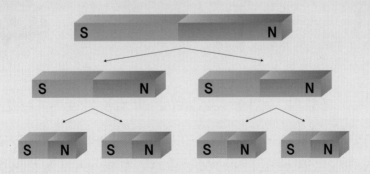

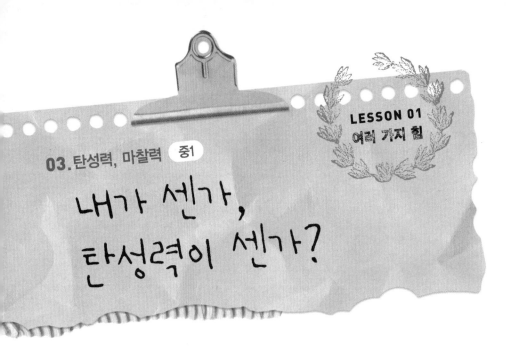

03. 탄성력, 마찰력 중1

내가 센가,
탄성력이 센가?

실생활에 특히 많이 이용되는 힘들도 있어.

고무밴드   스프링 익스팬더   스펀지

고무밴드나 스프링 익스팬더를 힘껏 늘여 본 적 있을 거야. 당기는 만큼 쭉 늘어나지. 하지만 잡아당긴 고무밴드나 스프링 익스팬더를 놓으면 순식간에 원래 상태로 되돌아가. 그럼 이번엔 스펀지를 눌러 봐. 쏙 들어가긴 하지만 결국 다시 원래대로 돌아오게 되지? 이렇게 힘을 받아서 모양이 변하게 되었을 때 원래의 상태로 되돌아오려는 힘을 **탄성력**이라고 해.

우리 주위에는 탄성력을 이용한 경우가 많아. 우리가 입고 있는 팬티의 고무줄,

침대 매트리스 안의 용수철, 자동차의 타이어 등이지.

탄성력은 원래 모양으로 되돌아가려는 힘이니까 방향은 물체를 변형시킨 힘과 반대 방향으로 작용한다는 것은 쉽게 이해할 수 있지? 물체에 변형이 많을수록 탄성력이 커진다는 사실도 알 수 있을 거야. 하지만 용수철을 너무 힘껏 잡아당기면 원래 상태로 돌아가지 못하고 늘어난 상태로 있게 돼. 이것은 탄성력에 한계가 있기 때문이야.

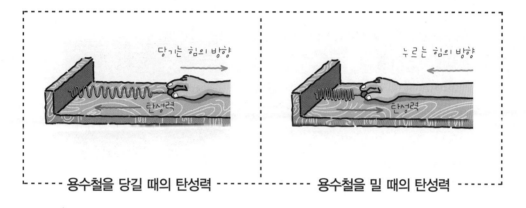

----- 용수철을 당길 때의 탄성력 -----　　　**----- 용수철을 밀 때의 탄성력 -----**

추운 겨울철 빙판길에서 자꾸 미끄러지는 이유는 무엇일까?

책상 위에서 공을 굴리면 공은 점점 느려지다 결국 멈춰. 이것은 책상 면에서 굴러가는 공의 운동을 방해하는 힘인 **마찰력**을 받기 때문이야. 마찰력은 운동을 방해하는 힘이니까 물체의 운동 방향에 대해 반대 방향으로 작용해.

마찰력의 크기는 면 위에 놓인 물체의

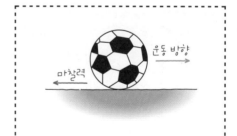

----- 마찰력 -----

무게가 무거울수록 커져. 그래서 가벼운 물체를 바닥에 놓고 끌 때는 마찰력이 작게 작용하여 끌기 쉽지만, 무거운 물체는 마찰력이 커서 끌기 어려운 거야.

마찰력은 두 물체의 접촉면이 거칠수록 커지는 성질도 있어. 자동차가 얼음판에서 자꾸 미끄러지는 것은 얼음판이 매끄러워서 마찰력이 작기 때문이야. 그래서 눈이 오고 길이 꽁꽁 얼어 미끄러운 날은 자동차 타이어에 체인을 감아 주는 거야. 그러면 접촉면이 거칠어져 마찰력이 커지기 때문에 덜 미끄러지거든.

마찰력이 우리 생활에 어떻게 이용되고 있을까?

우리는 필요에 따라 마찰력을 크게 또는 작게 하여 이용해.

등산화는 바닥이 올록볼록하도록 접촉면을 거칠게 만들어. 그러면 마찰력이 커지기 때문에 잘 미끄러지지 않게 되지. 그리고 창문은 열고 닫을 때 잘 미

끄러지는 게 좋겠지? 그래서 창틀을 매끄럽게 하여 마찰력을 작게 만들어 잘 열릴 수 있게 하는 거란다.

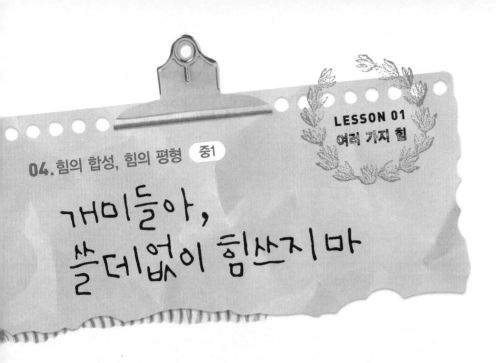

04. 힘의 합성, 힘의 평형 중1

개미들아, 쓸데없이 힘쓰지마

'협동정신' 하면 어떤 곤충이 제일 먼저 떠오르니? 딩동댕~ 맞아, 정답은 '개미'. 우리는 협동을 강조할 때 개미의 예를 많이 들어. 너희도 여러 마리의 개미들이 하나의 먹이에 매달려 열심히 집으로 옮기는 모습을 본 적이 있을 거야.

이렇게 한 물체에 여러 개의 힘이 작용하여 하나의 힘을 만들어 내는 것을 **힘의 합성**이라고 하고, 합성으로 구해진 힘을 **합력**이라고 해.

그런데 아래 그림의 개미들은 과학적인 측면에서 본다면 쓸데없이 힘을 낭비한

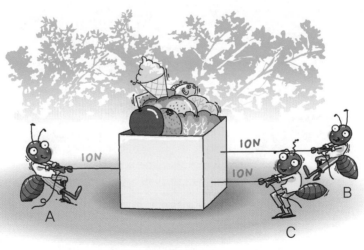

합력

다고 볼 수 있단다. 왜인지 궁금하지?

예를 들어 힘이 10N으로 모두 같은 A, B, C 3마리의 개미가 먹이를 옮기고 있다고 생각해 보자. 얼핏 보면 세 마리의 개미가 협동하는 것처럼 보이지만 실제로는 그렇지 않아.

개미 B와 개미 C는 오른쪽으로 끌고 있지? 이 경우 두 개미의 힘의 합력은 10N+10N=20N이 되어 오른쪽으로 작용해. 그리고 왼쪽으로 개미 A의 힘인 10N이 작용하게 되지. 결국 먹이에는 오른쪽으로 작용하는 힘 20N과 왼쪽으로 작용하는 힘 10N이 동시에 작용하게 되는 거야.

이때 먹이는 어느 쪽으로 얼마의 힘으로 끌려갈까? 그렇지. 먹이는 더 큰 힘이 작용하는 오른쪽으로 10N의 힘만큼 움직이게 되는 거란다. 즉, 결국 3마리의 개미가 열심히 일하고 있지만 A와 C의 2마리 개미는 서로 비겨서 효과가 없고, 실제로 개미 B 한 마리의 힘만 남는 거야. 실제로 개미 A와 C를 손가락으로 살짝 눌러도 먹이는 오른쪽으로 움직인단다.

그럼 만약 아래 그림처럼 개미 C는 없고 A와 B의 2마리 개미만 있다고 하면 어떻게 될까? 개미들의 힘이 비겨서 먹이에는 아무런 힘도 작용하지 않게 되어 먹이는 어느 방향으로도 움직이지 않게 될 거야.

힘의 평형 상태

이처럼 물체에 여러 개의 힘이 작용하지만 합력이 0이 되어 어느 방향으로도 움직이지 않을 때 힘이 평형을 이루고 있다고 하는 거지. 줄다리기할 때 양쪽 두 팀의 힘이 같다면 줄이 어느 쪽으로도 움직이지 않지? 바로 이런 경우가 **힘의 평형 상태**인 거란다.

샹들리에는 왜 안 떨어질까?

천장에 매달린 샹들리에는 아래쪽으로 당기는 중력을 받고 있지? 그런데 왜 아래로 떨어지지 않는 걸까? 바로 위 방향으로 샹들리에에 줄이 당기는 힘이 중력과 같은 크기만큼 작용하기 때문에 합력이 0이 되어 평형 상태가 되어 정지해 있는 거란다.

줄이 당기는 힘

중력

01. 속력 <u>중1</u>

달팽이와 치타의 달리기

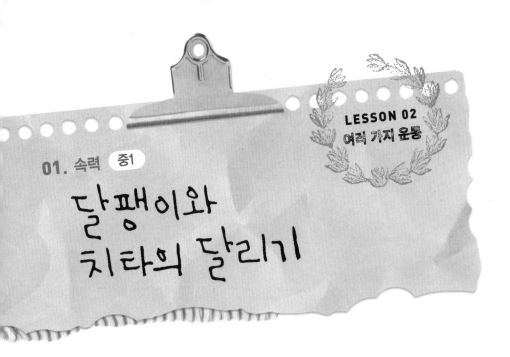

지구에 사는 동물 중에서 가장 빨리 달리는 동물이 뭘까? 바로 치타야. 치타는 100m(미터)를 약 3.2초 만에 달린다고 해. 그리고 톰슨가젤은 3.7초, 얼룩말은 5.6초 안에 달리지. 반대로 가장 느린 동물은 달팽이인데, 43,500초(약 12시간)가 걸린단다.

이처럼 이동 거리가 같을 때는 이동하는 데 걸린 시간이 짧을수록 빨라. 그렇다면 100m를 10초에 달린 A와 200m를 25초에 달린 B는 누가 더 빠를까? 두 사람이 달린 거리가 다르기 때문에 단번에 빠르기를 비교할 수 없지?

과학에서는 걸린 시간과 이동 거리가 다를 때 단위 시간당 이동한 거리를 비교한단다. 즉, 1초(s – 초 second의 약자) 혹은 1시간(h – 시간 hour의 약자)에 몇 미터, 몇 킬로미터를 이동했는지 비교하는 것인데, 이것을 **속력**이라고 해. 1초에 이동한 거리는 초속, 1시간에 이동한 거리는 시속이라고 하는 거야.

그래서 속력=$\frac{\text{이동 거리}}{\text{시간}}$ 라는 공식으로 구하고, 단위는 m/s(미터퍼세크), km/h(킬로미터퍼아우어)를 사용하는 거란다. 그럼 속력을 구해 볼까?

- A의 속력 = $\frac{100m}{10초(s)}$ =10m/s   • B의 속력 = $\frac{200m}{25초(s)}$ =0.8m/s

그러니까 A의 속력이 더 빠르다는 것을 알 수 있어.

A의 속력이 10m/s라는 것은 1초(s)에 10m를 이동하는 빠르기란 뜻인데, A는 100m를 뛰는 동안 계속 10m/s로 달렸을까? 아마 그렇게 달리기는 힘들 거야.

달리기를 할 때는 정지 상태에서 출발하여 속력이 점점 빨라져 약 2초 후에 최대 속력에 도달한다고 해. 결국 달리는 동안 계속 속력이 변했다는 것이지. 즉, 달리는 동안 속력은 계속 변하여 어떤 순간은 10m/s보다 느리고 어떤 순간은 10m/s보다 더 빠르다는 거야. 이렇게 어느 순간의 속력을 **순간 속력**이라고 말하지.

그럼 10m/s라는 속력은 어떻게 나온 걸까?

그건 100m라는 거리를 처음부터 끝까지 똑같은 속력으로 달렸다고 하면 1초(s) 당 10m를 달려 1초 후에는 10m, 2초 후에는 20m,⋯⋯10초 후에 100m에 있게 된다고 생각하는 거야. 이렇게 중간의 속력 변화는 고려하지 않고 전 구간을 같은 속력으로 운동한다고 생각할 때의 속력을 **평균 속력**이라고 해.

가장 빠른 것은 무엇일까?

1초 동안에 이동하는 거리를 비교해 보니 역시 빛이 가장 빨라. 빛의 속력은 1초에 지구를 일곱 바퀴 반이나 돌 수 있는 빠르기라니 정말 놀랍지?

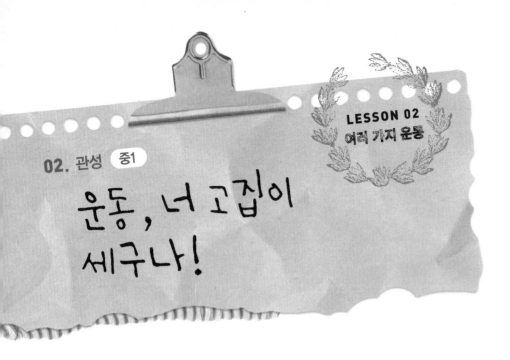

02. 관성 중1

운동, 너 고집이 세구나!

100미터 달리기 경기를 보면 열심히 달리던 선수가 결승점에 도착하고도 바로 멈추지 못해 얼마 동안은 계속 달리는 모습을 본 적이 있을 거야. 힘든데 왜 바로 멈추지 않는 걸까? 우리가 열심히 달리고 있는 경우 힘이 작용하지 않으면 우리 몸은 계속 앞으로 나가려는 성질이 있기 때문이란다.

이렇게 물체가 힘을 받지 않을 때 물체가 원래의 상태를 유지하려는 성질을 **관성**이라고 하지.

정지해 있던 버스가 갑자기 출발하여 몸이 뒤로 넘어지려 한 경험은 누구나 있을 거야. 이것은 갑자기 출발하는 힘을 받은 버스가 출발할 때 버스 바닥에 붙어 있는 발은 같이 앞으로 나가지만 그 힘을 미처 받지 못한 우리 몸은 관성에 의해

버스가 갑자기 정지하면 사람들이 앞으로 쏠린다.

버스가 갑자기 출발하면 사람들이 뒤로 쏠린다.

정지해 있으려고 하기 때문에 뒤로 넘어지게 되는 거야. 반대로 달리던 버스가 갑자기 정지하면 몸이 앞으로 넘어지게 되는 것이고. 이런 관성 때문에 힘을 받지 않으면 운동하던 물체는 원래의 운동을 계속하게 된단다.

원래의 운동을 계속한다는 것은 속력과 방향이 변하지 않는 운동을 한다는 뜻이야. 방향이 변하지 않으면서 계속 운동하는 물체의 운동을 따라 그려 보면 직선을 그리는 것을 알 수 있어. 그래서 속력이 변하지 않는 운동을 **등속 운동**, 방향이 변하지 않는 운동을 **직선 운동**이라고 하고 속력과 방향이 변하지 않는 운동을 **등속 직선 운동**이라고 해.

대형 마트나 지하철에서 탈 수 있는 무빙벨트와 에스컬레이터는 속력과 방향이 변하지 않는 등속 직선 운동을 하는 거야.

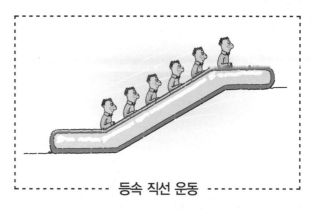

등속 직선 운동

 관성으로 우리를 보호하는 안전벨트

자동차를 타고 있다 갑자기 정지하면 우리 몸이 앞으로 숙여지면서 다칠 수가 있어. 그때 우리를 보호해 주는 안전벨트에는 무거운 추가 들어있단다. 그래서 벨트를 천천히 잡아당기면 그 힘을 골고루 받아 벨트가 풀리지만, 갑자기 당기면 관성에 의해 정지하게 되어 더 이상 풀리지 않고 우리 몸을 보호하게 되는 거란다.

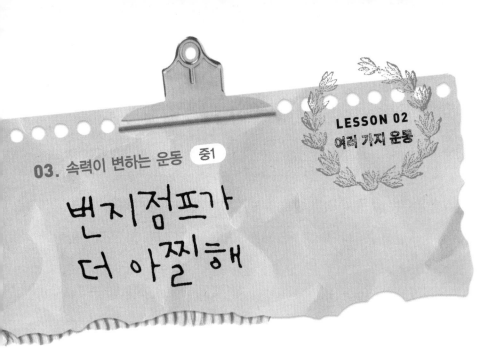

번지점프가 더 아찔해

우리 주변에서 속력이 변하는 운동을 많이 찾아 볼 수 있어.

번지 점프를 하는 사람의 몸은 떨어지면서 점점 더 속력이 빨라져. 점프하면서 몸이 아래로 떨어지고, 운동 방향(↓)과 같은 방향의 중력(↓)을 받기 때문이지. 그리고 점점 빨라지는 속력 때문에 아찔함을 맛보게 되는 거란다. 이렇게 물체가 운동할 때 물체의 운동 방향과 같은 방향의 힘을 받으면 속력이 점점 증가하게 돼.

반면 위로 던진 공은 올라가면서 속력이 점점 느려져. 이것은 운동 방향과 반대 방향으로 중력을 받기 때문이야. 이렇게 운동 방향에 작용하는 힘은 물체의 속력을 변화시킨다는 걸 알 수 있어.

번지 점프 같은 '낙하 운동' 하면 생각나는 실험이 있을 거야. 바로 피사의 사탑에서 이뤄진 갈릴레이의 낙하 실험!

이 실험에서 갈릴레이는 무게가 10배 차이 나는 서로 다른 두 개의 공을 낙하시켰는데, 놀랍게도 동시에 떨어졌어. 낙하하는 물체는 작용하는 힘이 클수록, 질량이 가벼울수록 속력이 빨라지므로 무게에 관계없이 동시에 떨어지게 돼.

그런데 낙하하는 물체의 속력 변화에 영향을 끼치는 요소가 또 하나 있어. 바로 공기 저항이야. A4 용지와 공을 양손에 들고 동시에 놓아 봐. A4 용지가 더 늦게 떨어질 거야. 그 이유는 A4 용지가 공기와 접촉하는 면적이 크기 때문이야. 하지만 A4 용지를 뭉쳐서 공과 비슷한 크기로 만들어 떨어뜨리면 거의 동시에 떨어지지.

이를 통해 두 물체를 떨어뜨렸을 때 공기의 저항을 비슷하게 받으면 거의 동시에 떨어지지만 공기와 접촉하는 면적에 차이가 나는 경우에는 공기 저항을 더 크게 받는 물체가 더 천천히 떨어진다는 사실을 알 수 있어.

낙하 속력 조절은 공기의 저항으로

낙하 운동을 하는 물체의 경우 공기와 닿는 면적을 달리하여 낙하 속력을 조절할 수 있어. 스카이다이빙 하는 선수가 낙하할 때 온몸을 펴 주면 공기 저항을 크게 받아 속력이 느려지게 돼. 이때 묘기를 부리게 되는 거야.

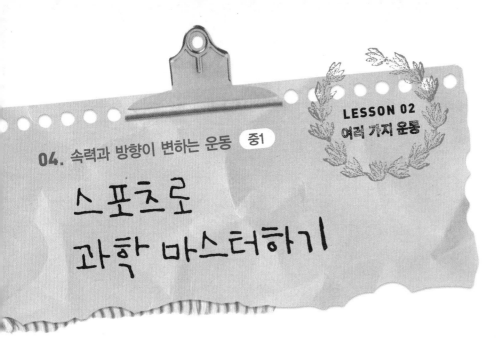

LESSON 02
여러 가지 운동

04. 속력과 방향이 변하는 운동 _{중1}

스포츠로
과학 마스터하기

얘들아! 육상 경기 종목 중에 '해머 던지기'를 아니?

겉은 철이나 황동으로 되어 있고, 속은 납으로 채워진 7.25kg(킬로그램) 이상의 금속공이 매달린 해머를 누가 더 멀리 던지는지 겨루는 경기야.

선수가 해머 던지는 모습을 보면 하체를 고정한 채 머리 위에서 해머를 두 바퀴쯤 돌린 후, 해머와 몸을 함께 3~4회 회전시킨 다음 해머를 던진단다.

해머가 원을 그리며 돌 때, 손은 원의 중심이 되고 손의 힘이 해머가 밖으로 날아가지 못하도록 중심을 향하여 당기고 있기 때문에 계속 원운동을 하게 돼. 이와 같이 원운동 하는 물체가 중심을 향하는 힘을 **구심력**이라고 해. 해머의 줄을 놓으면 구심력은 없어지고 아무런 힘을 받지 않는 밧줄은 원의 접선(회전하는 원에

접하는 직선) 방향으로 날아가게 되지.

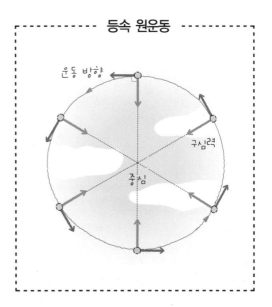

등속 원운동

결국 해머는 회전 운동을 하는 동안 계속 원의 접선 방향으로 날아가려고 하는데, 원의 중심 방향으로 작용하는 구심력 때문에 원운동을 하게 된 거야. 해머 선수들은 원의 접선 방향으로 날아가는 해머가 유효 판정을 받는 지역 안에서 최대한 멀리 날아가 알맞은 지점에 떨어지도록 하기 위해 많은 훈련을 해.

해머처럼 원운동을 하는 물체에는 원의 중심을 향하는 힘인 구심력이 필요한데, 물체는 구심력의 크기가 일정하면 속력은 변하지 않고 방향만 변하는 **등속 원운동**을 하지.

또 다른 종목으로 올림픽에서 우리나라의 확실한 금메달 후보가 되어 주는 양궁 경기를 살펴볼까? 양궁은 화살을 잘 조준해서 과녁을 정확하게 맞히는 종목으로 아주 단순한 운동인 것처럼 보여. 하지만 그렇지 않단다. 양궁 선수들이 화살을 쏠 때의 모습을 보면 화살의 끝이 약간 위로 향해 있는 것을 볼 수 있어. 이것은 활시위를 떠난 화살이 직선으로 날아가는 것이 아니라 **포물선 운동**을 하기 때문이야.

화살이 포물선 운동을 하는 까닭은 바로 중력 때문이지. 지구에서 질량을 가진 모든 물체는 지구 중심 쪽으로 향하는 중력의 영향을 받잖니? 그러니까 화살을 직선으로 쏘아도 중력이 계속 잡아당겨 조금씩 아래로 떨어지는 운동을 하게 돼. 운동 방향이 수평에서 아래로 향하는 거야. 중력 때문에 방향도 변하고 속력도 변하는 운동을 하게 되는 거지. 그래서 양궁 선수들은 중력의 크기를 잘 고려하여

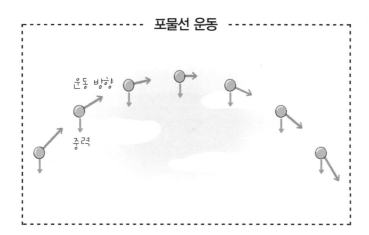

포물선 운동

운동 방향

중력

화살이 포물선 운동을 한 뒤 정확하게 과녁을 맞힐 수 있도록 훈련을 해.

혹시 물체가 점점 더 아래로 떨어지니까 '중력이 좀 더 세게 작용하나?' 하는 오해도 할 수 있는데, 한 물체에 작용하는 중력의 크기는 지표면 근처에서는 크게 차이가 나지 않는단다.

양궁 선수의 오조준

양궁 선수들이 고려해야 할 것이 중력만은 아니야. 바람과도 싸워야 한단다. 바람이 불 때 중앙 지점을 노리고 화살을 쏘면 엉뚱한 곳에 가서 꽂힐 수도 있어. 그래서 바람의 방향과 세기에 따라 과녁의 중심이 아닌 곳을 향해 화살을 쏘아 바람의 영향으로 중앙에 가서 꽂힐 수 있도록 훈련을 하지. 역시 세계 1인자가 되는 길은 어렵지?

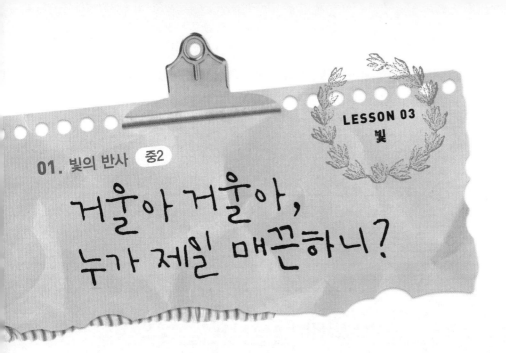

01. 빛의 반사 중2

거울아 거울아, 누가 제일 매끈하니?

빛이 없는 세상을 상상할 수 있을까?

빛이 있어야만 물체를 볼 수 있기 때문에 빛이 없다면 아무것도 볼 수 없는 세계가 될 거야.

물체를 보는 데는 세 가지 조건이 필요해. 우선 스스로 빛을 내는 태양 같은 광원에서 오는 빛이 있어야 하고, 그 빛이 물체에 반사되어야 하고, 반사된 빛이 우리 눈에 들어와야 우리가 그 물체를 볼 수 있어.

빛은 휘어지지 않고 직진하는 성질을 지니고 있어. 그래서 빛을 물체에 비추면 물체 때문에 빛이 더 이상 진행하지 못해 물체 뒤에 그림자가 생기지.

그리고 이때 물체에 닿는 빛은 물체의 표면에 부딪혀 되돌아 나오는데, 이것을 **빛의 반사**라고 해.

빛

광원

반사·굴절·흡수
물체

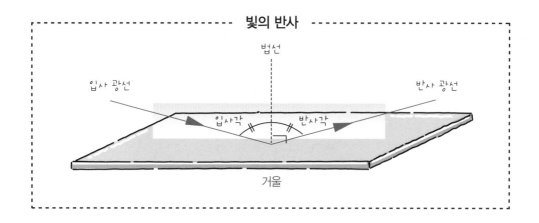

빛이 반사될 때에는 들어오는 각인 **입사각**과 반사되어 나가는 각인 **반사각**의 크기가 서로 같아. 그 각도를 잴 때의 기준은 빛이 부딪히는 표면에 수직인 **법선**이라는 것을 꼭 기억해 두렴.

거울처럼 표면이 매끄러운 물체에 여러 줄기의 빛이 평행하게 입사하면 반사도 평행하게 되는데, 이것을 **정반사**라고 해. 그래서 표면이 매끈한 거울 앞에 서면 내 모습이 그대로 나타나는 거야.

하지만 종이처럼 표면이 울퉁불퉁한 경우에는 반사 광선이 여러 방향으로 흩어지게 돼. 이것을 **난반사**라고 해. 종이는 매끈해 보인다고? 대부분의 물체는 우리 눈에 매끈하게 보여도 자세히 보면 굴곡이 있기 때문에 난반사가 일어나는 거야. 우리가 보통 여러 가지 물체를 볼 수 있는 것은 다 난반사 덕분이지. 그래서 우리는 어느 방향, 어느 위치에서도 그 물체를 볼 수 있어.

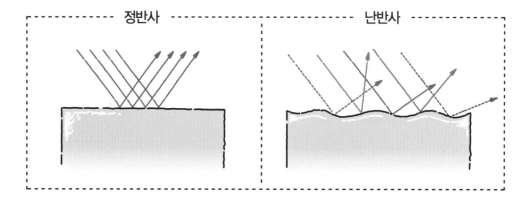

빛을 다루는 데 거울에 대한 상식은 필수야. 거울에는 평면거울 외에 오목 거울, 볼록 거울이 있어. 거울 속에 비친 모습을 <u>상</u>이라고 하는데, 평면거울은 물체와 크기가 같은 상이 생기게 돼. 오목 거울은 빛을 모으는 성질이 있고 가까이에서는 물체보다 큰 상이, 멀리에서는 작은 상이 생기게 돼. 볼록 거울은 빛을 퍼지게 하는 성질이 있고 항상 실물보다 작은 상이 생기게 되지.

거울의 용도

빛을 모으는 성질이 있는 오목 거울은 올림픽 성화에 빛을 모아서 불을 붙이는데 사용하고 있어. 그리고 볼록 거울은 상의 크기는 작지만 비추는 범위가 넓어 슈퍼마켓의 감시용 거울이나 구부러진 도로에 코너경으로 이용되고 있지. 숟가락의 앞과 뒷면에 얼굴을 비춰 보면 오목 거울과 볼록 거울에 생기는 상의 특징을 알 수 있단다.

숟가락 뒷면   숟가락 앞면

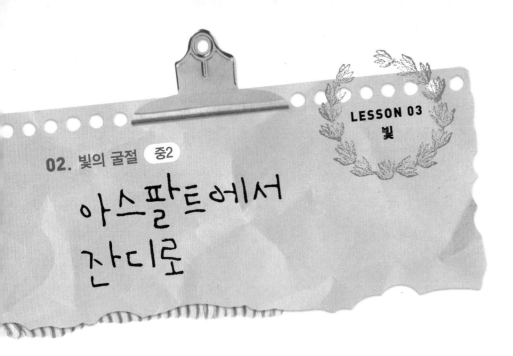

02. 빛의 굴절 중2

아스팔트에서 잔디로

더운 여름 수영장에 갔을 때 물이 얕아 보인다고 함부로 뛰어들면 위험하다는 것 알지? 빛이 서로 다른 물질의 경계면에서 꺾이는 **굴절** 현상으로 실제보다 얕아 보이기 때문이야.

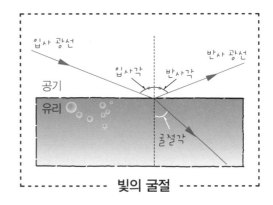

빛의 굴절

그럼 빛이 왜 꺾이는 것일까?

사람이 아주 많은 버스를 탔을 때 버스 안에 있는 사람들을 뚫고 뒤쪽으로 가려면 시간이 많이 걸리지? 눈에 보이지는 않지만 기체인 공기를 이루는 분자들보다 액체인 물을 이루는 분자가 더 빽빽하단다. 그래서 빛이 공기 중을 지날 때보다 물속을 지날 때 빛의 속력이 느려지게 되지. 이 속력의 차이 때문에 빛이 경계면에서 방향이 꺾이는 굴절 현상이 나타나는 거야.

빛의 속력이 다르다고 빛이 꺾인다는 사실이 이상하다고? 쉽게 이해할 수 있게 장난감 자동차를 생각해 보자. 아스팔트와 잔디밭 중 어디에서 자동차의 속력이

빠를까? 당연히 아스팔트에서 더 빠르겠지. 장
난감 자동차의 바퀴를 아스팔트에서 잔디밭으로
비스듬하게 굴리면 잔디밭에 먼저 닿은 바퀴의
속력은 느려지는데, 다른 바퀴는 아직 아스팔트
를 달리니까 속력이 빨라. 따라서 바퀴의 진행
방향이 바뀐 채 잔디밭을 직선으로 지나가게 되지.

굴절의 원리

이렇게 바퀴가 아스팔트와 잔디밭의 경계에서 속력이 느린 잔디밭 쪽으로 꺾여
나가는 것처럼 빛도 속력이 느린 쪽으로 굴절하게 되는 거야. 그래서 빛이 공기에
서 물로 들어갈 때 경계면에서 물 쪽으로 굴절하는 현상이 나타나는 거지. 이러한
빛의 굴절 때문에 물속에 있는 물체는 실제보다 떠 보이고 짧아 보인단다.

이러한 굴절을 이용한 것이 렌즈야. 렌즈는 일정한 두께를 가지고 있으며, 두
개의 경계면에서 빛이 통과할 때
각각 굴절이 일어나. 이때 빛이
렌즈의 두꺼운 부분으로 굴절되
므로 볼록 렌즈는 빛을 모으고,
오목 렌즈는 빛을 퍼지게 하지.

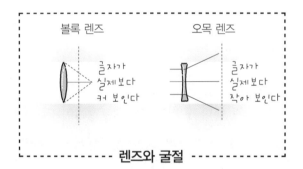

렌즈와 굴절

물속의 물고기를 잡으려면?

빛이 굴절하기 때문에 물속의 물체는 실제보다
떠 보이게 된단다. 그러니까 바로 물고기가 보
이는 위치보다 조금 아래를 겨냥해야겠지.

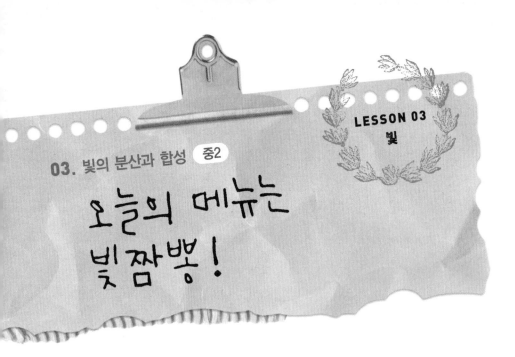

03. 빛의 분산과 합성 　중2

오늘의 메뉴는 빛 짬뽕!

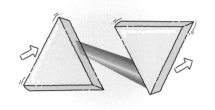

빛의 합성

프리즘에 대해서는 들어 봤지? 유리나 수정으로 만든 투명한 삼각기둥이잖아.

햇빛이 투명한 백색으로 보이지만 프리즘을 통과시켜 보면 무지개 색을 만들어 낼 수 있다는 것도 알 거야. 뉴턴은 햇빛이 원래 순수한 백색이 아니라 여러 가지 색이 혼합되어 백색이 되었다는 사실을 증명했어. 빛은 프리즘을 통과할 때 굴절하는데 빨간 빛은 조금 굴절하고 보라색은 많이 굴절하여 나뉘게 돼. 이렇게 빛이 여러 가지 색으로 나누어지는 현상을 **빛의 분산**이라고 하지.

빛이 여러 가지 색으로 되어 있기 때문에 물체의 색도 저마다 다른 색으로 보이는 거란다. 똑같은 햇빛을 반사하는데 왜 물체마다 다른 색으로 보이는 걸까?

그 이유는 물체마다 반사하는 빛이 다르기 때문이야. 예를 들어 빨간색 꽃은 나머지 빛은 흡수하고 빨간색 빛만 반사하기 때문에 빨간색으로 보이게 돼. 그런데 만약에 이 빨간색 꽃에 파란색 빛을 비추면 그 파란색 빛을 흡수하니까 반사하는

빛의 분산과 물체의 색

빛이 없어 꽃이 검은 색으로 보이게 된다는 말씀!

이것이 조명의 색깔에 따라 물체의 색이 다르게 보이는 비밀이란다.

빛은 빨강, 초록, 파랑의 세 가지만 있으면 나머지 빛은 이 빛들을 섞어서 만들 수 있어. 이렇게 두 개 이상의 빛을 합하여 다른 색의 빛을 만드는 것을 **빛의 합성**이라고 해. 실제로 무대 위에서 공연하는 가수의 옷 색깔을 이 세 가지 빛을 적절히 합성하여 계속 바뀌게 할 수도 있다는 거지.

어때? 빛의 합성에 대한 원리를 안다면 너희도 멋진 무대 조명을 할 수 있겠지?

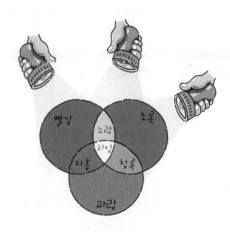

빛의 합성

빛의 합성을 이용하는 텔레비전

텔레비전 화면의 한 부분을 확대해 보면 작은 여러 개의 점으로 이루어져 있는 것을 볼 수 있단다. 이 작은 점을 화소라 하는데, 화소의 색깔은 빨간색, 파란색, 초록색 세 가지야. 이 빛의 삼원색 화소의 합성으로 다양한 색을 표현하는 거란다.

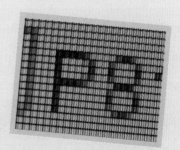

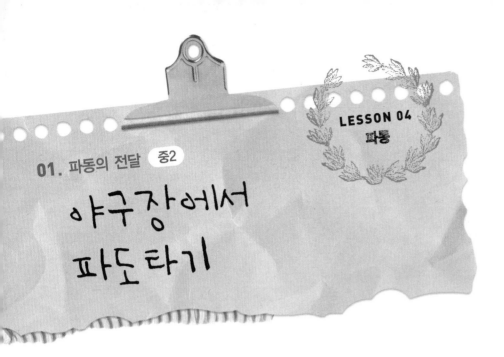

01. 파동의 전달 중2

야구장에서 파도타기

잔잔한 호수에 빗방울이 떨어지면 수면에 생긴 둥근 모양의 물결이 퍼져 나가는 것을 본 적이 있지? 빗방울이 떨어진 지점을 중심으로 하여 동심원의 물결이 퍼져 나가잖니.

이처럼 물이나 어떤 물질의 흔들림(진동)이 퍼져 나가는 것을 **파동**이라고 해. 그리고 진동을 전달하는 물과 같은 물질을 **매질**이라고 하지.

물결파가 퍼져 나가는 모습을 보면 물이 직접 이동하는 것처럼 보여. 하지만 사실 물은 제자리에서 위아래로 진동만 한단다. 파동은 매질이 직접 이동하지 않고 매질을 통해서 에너지만 이동시키는 거지.

야구 경기장에서 자주 볼 수 있는 파도타기 응원을 보면 금방 이해가 될 거야.
파도타기 응원을 할 때 관중석의 사람은 제자리에서 일어났다 앉을 뿐이지만 큰 파도가 옆으로 옆으로 전달되지.

파동은 크게 두 가지가 있어. 용수철로 두 종류의 파동을 알아보자.

먼저 용수철을 책상 위의 한쪽 끝을 고정시킨 상태에서 다른 쪽 끝을 위, 아래로 흔들면 용수철은 위아래(↕) 방향으로 진동하는데 파동은 옆(→) 방향으로 이동하게 되지. 이렇게 파동의 진행 방향과 매질의 진동 방향이 수직인 진동을 **횡파**라고 해. 빛, 물결파, 지진파 중의 S파가 여기에 속하지.

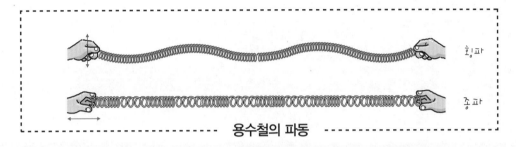

─ 용수철의 파동 ─

이번에는 용수철 끝을 앞뒤(↔)로 흔들면 용수철은 앞뒤(↔) 방향으로 진동하는데 파동은 옆(→) 방향으로 이동하게 돼. 이렇게 파동의 진행 방향이 매질의 진동 방향과 같은 파동을 **종파**라고 한단다. 소리나 지진파의 P파가 여기에 속하지.

뱀, 지렁이와 파동

하하하! 너와 난 지나온 길이 달라.

뱀은 몸을 좌우로 흔들며 앞으로 진행을 해. 이런 모습이 바로 횡파야.
또 지렁이는 몸을 앞뒤로 늘였다 줄였다 하면서 앞으로 가잖아. 이런 모습을 종파라고 보면 돼.
다만 지렁이와 뱀은 직접 이동해서 움직이지만 종파와 횡파는 매질은 이동하지 않고 파동만 진행한다는 점을 꼭 기억하렴.

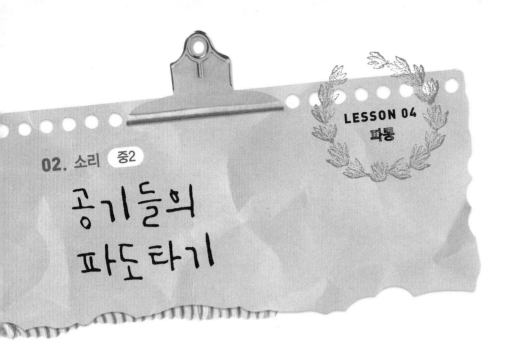

02. 소리 중2

공기들의 파도타기

우리는 드럼, 트럼펫, 바이올린처럼 아름다운 소리를 내는 많은 악기들 덕분에 음악을 들을 수 있어. 또 새가 지저귀는 소리, 은은하게 울리는 종소리 같은 좋은 소리뿐 아니라 도로 주변의 소음

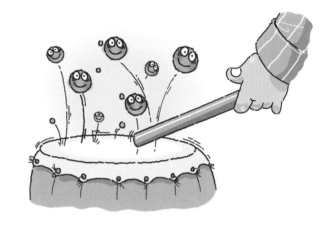

까지 많은 소리를 듣고 살아. 그런데 이런 소리들은 어떻게 생길까?

고무줄을 퉁기면 고무줄이 진동하면서 소리를 내. 또 북을 치면 울림막이 진동하여 소리가 나지. 북의 울림막 위에 작은 돌을 골고루 뿌리고 치면 작은 돌들이 위아래로 진동하는 것을 볼 수 있어. **소리**는 이렇게 물체의 진동에 의해 발생한단다.

소리는 대부분 공기를 통해 전달돼. 스피커로 음악을 들을 수 있는 것도 스피커의 진동판이 떨리면서 공기를 진동시켰기 때문이야. 스피커 앞에 켜 놓은 촛불이 흔들리는 모습을 보면 공기가 진동한다는 걸 알 수 있지.

그럼 사람의 목소리는 어떻게 나는 걸까? 사람은 목 안에 있는 성대를 진동시켜 소리를 만들어. 사람마다 성대의 모양과 크기가 달라서 서로 다른 목소리를 내게 되지. 소리를 지르면 그 소리가 주위의 공기를 진동시키고 이러한 공기의 진동이 우리 귀의 고막을 진동시켜 소리를 듣게 되는 거야.

소리의 세기는 매질이 진동하는 폭을 나타내는 진폭에 의해 결정되는데, 진폭이 클수록 큰 소리가 나게 되지.

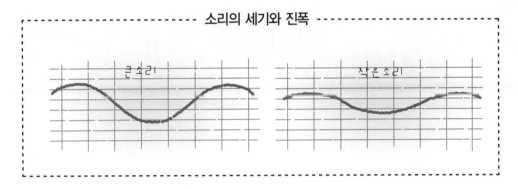

그리고 소리의 높이는 진동수에 의해 달라지게 돼. **진동수**란 1초 동안 소리가 진동하는 횟수인데, 단위는 Hz(헤르츠)를 사용하지. 사람은 20~20,000Hz의 소리를 들을 수 있어. 보통 피리에서 나는 소리처럼 높은 음의 소리는 진동수가 크단다. 안개 낀 해상에서 배의 위치를 알리는 낮은 음의 뱃고동 소리는 진동수가 작지.

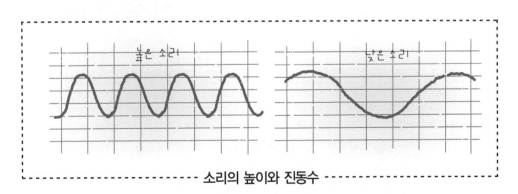

대체로 진동수가 큰 소리일수록 듣기 싫은 소음이 되는 경우가 많아.

그런데 소리의 진폭과 진동수가 같더라도 피아노와 바이올린 소리가 다른 것은 음색이 다르기 때문이야.

음색이란 소리의 모양이나 맵시를 뜻하는 것으로 소리의 진폭과 진동수가 같더라도 진동의 모양이 다르지.

---------- 소리의 맵시, 음색 ----------

피아노　　　　　　　바이올린　　　　　　색소폰

모기의 날갯짓 소리

여름철 모기의 "엥~~" 소리는 단잠을 쫓아 버리지? 모기는 1초에 날갯짓을 600회 하기 때문에 모기의 날갯짓 소리의 진동수는 600Hz 란다. 이 소리는 사람이 들을 수 있는 범위이면서 상당히 높은 소리여서 귀에 잘 들리는 거야.

그러나 나비는 1초에 20회 날갯짓을 하기 때문에 진동수가 20Hz 이하라 사람의 귀에는 들리지 않는단다.

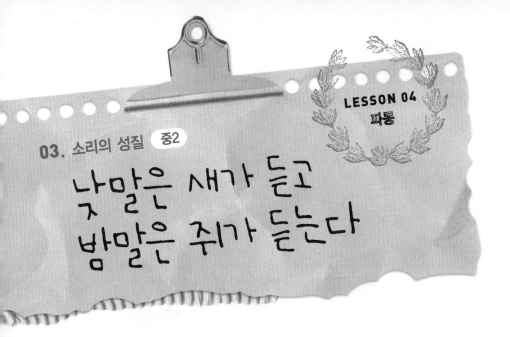

낮말은 새가 듣고 밤말은 쥐가 듣는다

벽에 공을 던지면 벽에 부딪힌 공이 튕겨 나오듯이, 빛을 거울에 비추면 반사되어 나온다는 사실은 이미 다 알지?

그런데 소리도 빛처럼 파동이기 때문에 다른 물체에 부딪치면 반사된단다.

메아리가 바로 소리가 반사된다는 증거지. "야호!" 하고 소리를 치면 그 소리가 멀리 떨어진 산에까지 갔다가 반사되어 돌아와 우리 귀에 들리게 되는 거야.

그런데 소리는 반사뿐만 아니라 굴절도 해.

낮보다 밤에 소리가 더 크게 들린다고 느낀 적 있니? 바로 소리의 속력이 변하면서 굴절되어 나타나는 현상이란다. 공기를 이루는 입자는 원래 온도가 높으면 빨리 움직이고 온도가 낮으면 천천히 움직이는 성질이 있어. 그러니까 공기 입자를 따라 전달되는 소리도 덩달아 더운 공기에서는 속력이 빠르고 찬 공기에서는 속력이 느리지.

온도에 따른 공기 분자의 속력

낮에는 땅이 태양열을 흡수해서 내뿜기 때문에 아래쪽은 따뜻하고 위쪽은 차가워. 반대로 밤에는 땅의 열기가 식으면서 위쪽보다 아래의 공기가 차가워지지.

소리도 빛처럼 속력이 느린 쪽으로 굴절하게 된단다. 소리가 차가운 공기를 지날 때 속력이 느려지니까 차가운 공기 쪽으로 굴절하게 돼. 낮에는 차가운 위쪽으로 굴절되어 소리가 작게 들리고, 밤에는 차가운 아래쪽으로 굴절되어 소리가 더 크게 들리는 거야. 이러한 과학적 원리를 담고 있는 속담이 바로 "낮말은 새가 듣고, 밤말은 쥐가 듣는다."란다.

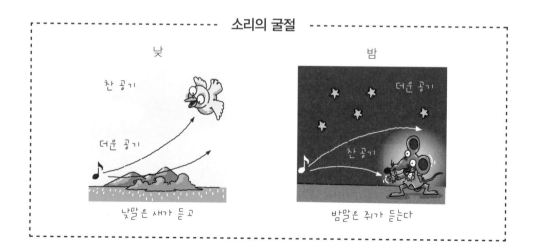

소리의 굴절

소리는 또 다른 특징
이 있어. 소리는 빛과 달
리 장애물을 만났을 때
일부가 장애물을 넘어
퍼지게 돼. 이러한 현상
을 **회절**이라고 해. 이
회절 때문에 장애물 뒤

소리의 회절

에서도 반대편 소리를 들을 수 있는 거야.

빛도 소리처럼 파동이니까 회절하는 성질이 있긴 하지만 소리에 비해 많이 약
하단다. 만약 빛이 회절하는 성질이 강하다면 어떻게 됐을까? 나무 뒤쪽까지 햇
빛이 전달되면서 시원한 그늘은 없어질 거야.

초음파를 내는 박쥐

사람은 진동수가 20~20,000Hz 범위의 소리를 들을 수 있어. 이것을
가청 진동수라고 하지. 그런데 초음파는 진동수가 20,000Hz 이상인 음
파야. 이렇게 빠른 진동의 소리는 사람의 귀로는 들을 수가 없어.
하지만 사람과는 달리 박쥐는 초음파를 내고 들을 수 있지. 입이나 코를
통해 초음파를 발사한 뒤 물체에 부딪쳐 돌아오는 초음파로 물체와의
거리를 알아낸단다.

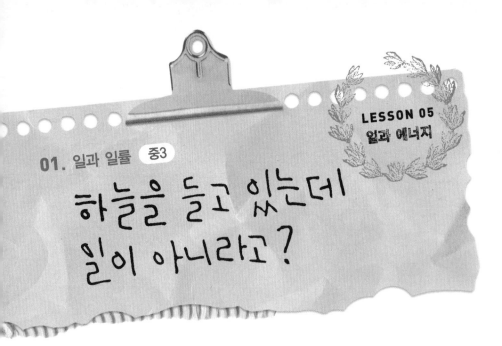

01. 일과 일률 중3

하늘을 들고 있는데 일이 아니라고?

얘들아, 그리스 신화에 나오는 아틀라스에 대해 들어 본 적 있니? 전쟁에 패한 아틀라스는 제우스로부터 영원히 하늘을 두 어깨에 메고 있으라는 형벌을 받았단다. 아틀라스는 그 무거운 하늘을 오랫동안 메고 있었으니 얼마나 힘든 일을 한 것일까?

그런데 과학에서 보면 아틀라스가 힘은 많이 들었을지 몰라도 일을 한 것은 아니란다. 과학에서는 눈에 보이는 어떤 변화가 나타나는 경우만 일이라고 해. 물체에 힘을 작용하여 그 힘의 방향으로 물체가 이동해야만 일을 했다고 보는 거야.

예를 들어 역기를 들어 올리는 경우 역기를 들어 올리는 힘이 위(↑) 방향으로 작용하여 역기가 위(↑) 방향으로 이동했기 때문에 과학에서의 일에 해당돼. 그리고 유모차를 밀 때에도 미는 힘의 방향(←)으로 유모차가 이동(←)했으므로 일을 한 것이지.

하지만 상자를 들고 걸어가는 경우는 상자

일을 한 경우

일을 하지 않은 경우

힘의 방향

이동 방향

를 드는 힘은 위(↑) 방향으로 작용하고 이동한 방향은 옆(←) 방향이기 때문에 과학에서 일을 하지 않은 경우에 해당한단다.

그리고 큰 바위를 힘껏 밀고 있을 때 그 바위가 움직이지 않는다면 힘은 작용했으나 물체가 이동하지 않았기 때문에 역시 일을 하지 않은 거야.

기계를 사용하는 경우와 사람이 일을 하는 경우 어느 쪽이 일을 더 잘할까?

과학에서는 누가 더 일을 잘하는지 알아보려면 일정한 시간 동안에 한 일의 양을 비교해. 즉, 같은 양의 일을 하는데 사람이 2분 걸리고 기계가 10초 걸렸다면 기계가 일을 더 잘한다고 할 수 있지.

이렇게 일정한 시간 동안에 한 일의 양을 **일률**이라고 하고, 단위로는 W(와트) 또는 HP(마력)을 사용해.

파워(Power)와 힘

우리는 힘센 사람을 "파워가 좋은데……."라고 말해.
과학에서는 파워(Power)가 일률을 나타내는 말로서 힘(Force)과는 다른 의미로 쓰이지.
보통 힘이 셀수록 일률도 커지므로 '힘이 좋다'는 말은 '파워가 강하다'와 같은 뜻이 되는 거지. 그러나 경우에 따라 약한 힘이라도 강한 힘보다 더 큰 일률로 일을 할 수도 있음을 주의해야 해!

02. 일과 일률 중3

지렛대 하나면 지구도 든다

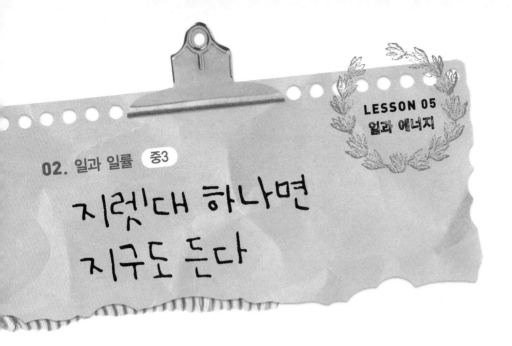

고대 그리스의 아르키메데스는 히에론 왕에게 길고 튼튼한 막대와 단단한 받침점이 있다면 지구를 들어보일 수 있다고 큰소리를 쳤단다.

아르키메데스는 지레의 원리를 알고 있었거든. 받침점을 물체 가까이 장치하고 지레의 끝을 누를 때 필요한 힘의 크기는 물체의 무게보다 작아져. 그러므로 지레의 길이가 아주 길다면 아주 작은 힘으로 무거운 지구를 들어 올릴 수 있다는 거야.

이때 지레의 원리를 식으로 나타내면 다음과 같아.

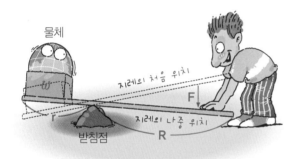

물체의 무게(w)×물체에서 받침점까지의 거리(r)
= 힘(F)×받침점에서 힘점까지의 거리(R)

시소에 무거운 사람이 더 앞에 앉아야 하는 것과 같은 원리야.

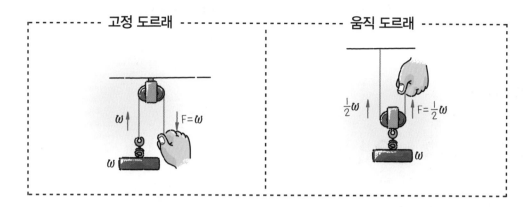

| 고정 도르래 | 움직 도르래 |

물체를 들어 올리기 위해 지레 이외에도 도르래가 이용돼. 도르래에는 크게 고정 도르래와 움직 도르래가 있단다.

고정 도르래는 줄을 잡아당길 때 도르래의 위치가 변하지 않아. 이때 물체를 들어 올리는 데 필요한 힘의 크기가 물체의 무게와 같아서(F=w) 힘으로는 아무런 이득이 없어. 하지만 줄을 아래 방향(↓)으로 당겨서 물체를 위 방향(↑)으로 움직이게 한단다. 고정 도르래는 국기 게양대 등에 이용되고 있지.

움직 도르래는 줄을 잡아당기면 물체와 함께 도르래도 위쪽으로 움직여. 이때 물체의 무게가 두 줄에 반씩 나뉘어 작용하기 때문에 물체 무게의 $\frac{1}{2}$의 힘으로 (F=$\frac{1}{2}w$) 줄을 잡아당기면 물체를 들어 올릴 수 있지. 움직 도르래는 크레인 등에 이용되고 있어.

정약용의 거중기

조선시대의 실학자 정약용은 수원성을 쌓을 때 거중기라는 장치를 고안했어.
거중기는 여러 개의 도르래를 적절히 연결하여 물체 무게의 $\frac{1}{8}$ 정도의 작은 힘으로 무거운 물체를 들어올릴 수 있도록 한 장치란다.

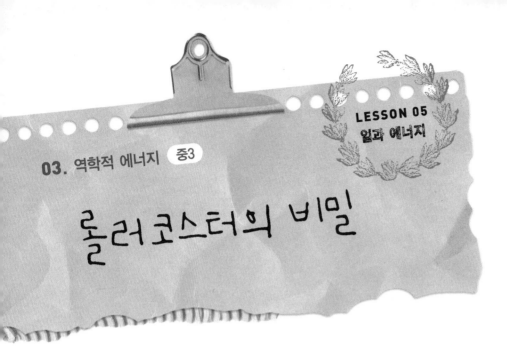

롤러코스터의 비밀

자동차와 비행기가 움직일 수 있는 것은 연료를 사용한 덕분이야. 그리고 공장에서는 물건을 만들 때 전기를 이용하지.

연료나 전기와 같이 '일을 할 수 있는 능력이 있는 것'을 '에너지가 있다'고 하고, 일을 할 수 있는 능력을 **에너지**라고 한단다.

에너지의 종류는 여러 가지야.

그중 높은 곳에 있는 물체는 아래에 있는 물체에 일을 할 수 있는 능력인 **위치 에너지**가 있어. 이해가 잘 안 된다고?

콩!

━━━━━ 위치 에너지 ━━━━━

무거운 추를 높은 곳에서 떨어뜨리면 아래에 있는 말뚝이 땅속으로 깊이 박히지? 높은 곳에 있던 무거운 추가 위치 에너지를 가지고 있었고 아래에 있는 말뚝이 땅에 박히도록 일을 한 거야.

운동 에너지

볼링공에 의해 쓰러지는 볼링핀

바람에 의해 돌아가는 풍차

운동하는 물체도 여러 가지 일을 할 수 있어. 굴러 가는 볼링공은 핀을 쓰러뜨리고, 바람은 풍차를 돌리지. 이렇게 운동하는 물체가 지니고 있는 에너지를 **운동 에너지**라고 해.

그런데 위치 에너지와 운동 에너지는 역학적 에너지(운동 에너지와 위치 에너지의 합으로서 기계적 에너지라고도 한다)로서 서로 전환될 수 있단다. 놀이 공원의 롤러코스터가 대표적인 예이지.

위치 에너지 감소
운동 에너지 증가

위치 에너지 증가
운동 에너지 감소

롤러코스터가 내려올 때는 높이가 낮아지니까 위치 에너지는 점점 작아지게 되고, 속력이 점점 빨라지니까 운동 에너지는 점점 커지게 돼. 결국 내려오는 동안은 위치 에너지가 감소하면서 감소한 만큼의 위치 에너지가 운동 에너지로 전환되어 운동 에너지가 증가하게 되는 거지.

그러면 올라가는 구간은 어떨까? 속력이 느려지면서 높이가 점점 높아지지? 즉 운동 에너지는 감소하지만 감소한 만큼의 운동 에너지가 위치 에너지로 전환되니까 위치 에너지는 점점 증가하게 되는 거란다.

바이킹에서의 역학적 에너지

바이킹도 좌우로 움직이면서 속력과 높이가 계속 변해.
즉, A에서 O로 올 때는 속력이 빨라지고 높이가 낮아지니까 위치 에너지가 운동 에너지로 전환되고, O에서 B로 갈 때는 속력이 느려지고 높이가 높아지니까 운동 에너지가 위치 에너지로 전환되는 거야.

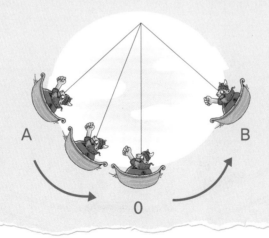

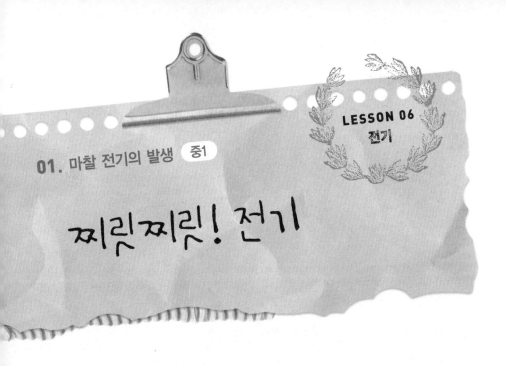

01. 마찰 전기의 발생 중1

찌릿찌릿! 전기

기원전 600년경 고대 그리스의 철학자 탈레스는 보석인 장식용 호박을 모피로 닦았는데, 닦은 후 호박에 먼지가 잘 달라붙는다는 사실을 발견했어. 그 당시에는 왜 그런 일이 일어나는지 알 수가 없었기 때문에 기록만 해 두었지. 그러다가 시간이 한참 흘러 18세기에 와서야 이런 현상이 전기 때문에 일어난다는 사실을 알아냈어.

호박을 모피로 문지르면 왜 전기가 발생하는 것일까?

기원전 600년경 고대 그리스에서 탈레스는 보석의 일종인 호박을 모피로 닦고 있었다.

그런데 반짝반짝 광택이 난 호박 표면에 작은 먼지들이 달라붙는 것을 발견했다.

이것이 기록으로 남은 최초의 전기 현상이다. 이 현상이 전기에 의한 것임을 안 것은 한참 후인 18세기이다.

모든 물질은 원자로 구성되어 있단다. 원자는 (+)전기를 띠는 원자핵이 가운데 있고 (−)전기를 띠는 전자가 원자핵 주위를 돌고 있는데, (+)전기와 (−)전기의 양이 같아서 (+)도 (−)도 아닌 중성이지.

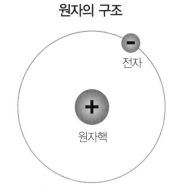

원자의 구조

전자

원자핵

원자의 가운데에 자리잡고 있는 크고 무거운 원자핵은 움직이지 못하지만, 작고 가벼운 전자는 마찰에 의해 한 물체에서 다른 물체로 쉽게 이동한단다. 그래서 서로 다른 두 물체를 마찰하는 경우에 전자를 잃어버린 물체는 (+)전기의 양이 (−)전기의 양보다 많아 (+)전기를 띠게 되는 거야. 그리고 전자를 얻은 물체는 (−)전기의 양이 (+)전기의 양보다 많아 (−)전기를 띠게 되지.

그런데 서로 다른 전기끼리는 끌어당기고, 같은 전기끼리는 밀어내는 힘이 작

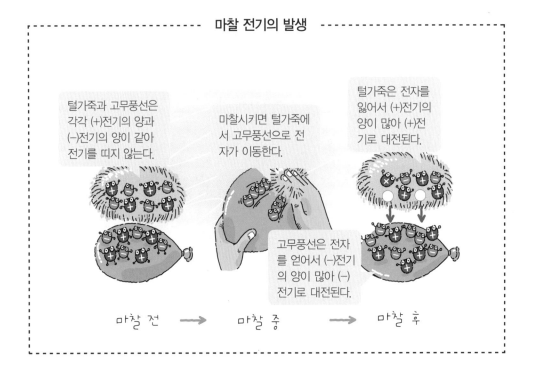

마찰 전기의 발생

털가죽과 고무풍선은 각각 (+)전기의 양과 (−)전기의 양이 같아 전기를 띠지 않는다.

마찰시키면 털가죽에서 고무풍선으로 전자가 이동한다.

털가죽은 전자를 잃어서 (+)전기의 양이 많아 (+)전기로 대전된다.

고무풍선은 전자를 얻어서 (−)전기의 양이 많아 (−)전기로 대전된다.

마찰 전 → 마찰 중 → 마찰 후

용하거든. 보통 플라스틱 빗으로 머리를 빗는 경우 빗에는 (−)전기가, 머리카락에는 (+)전기가 발생해. 그래서 서로 다른 전기를 띠게 된 물체 사이에 끌어당기는 힘이 작용하여 머리카락이 빗에 달라붙지.

하지만 마찰 전기를 띠게 된 물체는 시간이 지나면 전기를 잃게 되는 방전이 일어난단다. 방전 현상은 날씨가 습할수록 잘 일어나기 때문에 습한 날씨에는 마찰 전기가 잘 생기지 않아.

전기력의 이용

전기력은 우리 생활의 여러 부분에서 이용되고 있어. 자동차에 페인트칠을 할 때 전기력을 이용하지. 페인트와 차가 서로 다른 전기를 띠게 하면 페인트가 차에 골고루 잘 달라붙게 되는 거야.
그리고 공기청정기는 필터와 먼지를 다른 전기를 띠게 하여 먼지가 필터에 걸러지게 하는 거란다.

02. 정전기 유도 중1

번개가 전기라고?

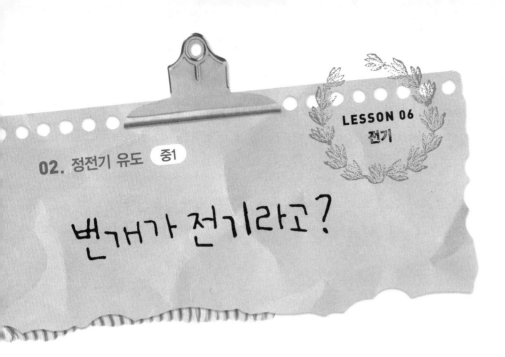

"앗, 따가워!"

가시에 찔린 것도 바늘에 찔린 것도 아니야. 전기에 찔렸다고 해야 할까?

너희도 건조한 겨울철에 친구와 손을 잡다가 '따닥' 하는 소리와 함께 따끔함을 느낀 적이 있을 거야. 이러한 현상은 작은 번개로 볼 수 있는데, 바로 정전기 유도 때문에 나타나는 현상이지.

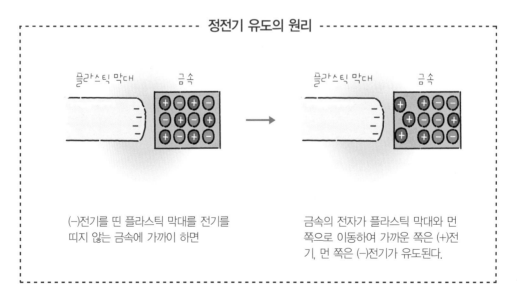

┄┄┄┄┄ **정전기 유도의 원리** ┄┄┄┄┄

(−)전기를 띤 플라스틱 막대를 전기를 띠지 않는 금속에 가까이 하면

금속의 전자가 플라스틱 막대와 먼 쪽으로 이동하여 가까운 쪽은 (+)전기, 먼 쪽은 (−)전기가 유도된다.

정전기 유도 현상이 뭐냐고?

플라스틱 막대를 털가죽으로 마찰하면 막대는 (−)전기를 띠게 돼. 그것을 전기를 띠지 않은 금속 가까이에 대면 금속이 플라스틱 막대로 끌려가게 돼. 플라스틱 막대와 가까운 쪽 금속의 전자가 멀리 밀려나면서 그 부분이 (+)전기를 띠게 되고, 반대쪽은 (−)전기를 띠게 되기 때문이야.

서로 다른 전기가 끌어당기는 힘에 의해 금속이 끌려가게 되는 거지.

머리를 빗던 빗을 가늘게 흐르는 물줄기 가까이에 대면 물줄기가 빗 쪽으로 휘어지는 것을 볼 수 있는데 이것도 역시 정전기 유도에 의한 거야.

여름철에 자주 나타나는 번개도 정전기 유도에 의한 현상으로 볼 수 있지.

비를 포함하는 구름의 아래쪽은 (−)전기를 띠고, 위쪽은 (+)전기를 띠게 되는

번개가 치는 원리도 이런 정전기 유도로 생기는 현상이다. 정전기 유도란 전기를 띠지 않은 물체에 전기를 띤 물체를 가까이 가져갈 때, 물체의 전하가 양극으로 나누어지는 현상을 말한다.

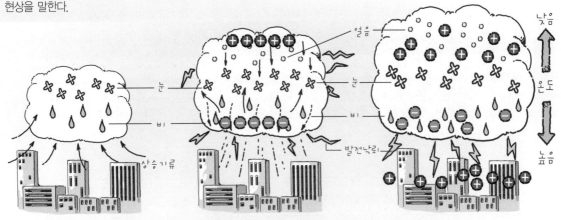

활발한 상승 기류로 인해 수증기가 결합하여 큰 입자가 되고 온도가 낮아져 얼어붙게 된다.

큰 입자는 무게 때문에 아래로 떨어지면서 공기와 마찰하거나 다른 얼음 입자와 충돌한다. 이때 구름의 아래쪽은 (−)전기를 위쪽은 (+)전기를 띠게 된다.

지표면에 있는 (+)전기들이 구름 밑에 모여 구름과 땅 사이에 대규모의 방전이 일어나는 것이 번개이다.

경우가 있어. 이러한 구름의 아래 지표면은 정전기 유도에 의해 (+)전기가 구름으로부터 가장 가까운 곳으로 모이면서 순간적으로 (+)전기로부터 (−)전기까지 전기 에너지가 흐르게 되는데, 이것이 번개란다. 그리고 이 전기 에너지에 의해 주변 공기의 온도가 아주 높아지면서 순간적인 팽창이 일어나고, 소리 에너지로서 "꽝!" 하고 우리의 귀에 전달되는 것이 천둥이야.

벼락을 피하는 방법

번개가 지면에 떨어지는 현상을 벼락이라고 한다. 그런데 벼락은 높고 뾰족한 곳에 모이는 성질이 있으므로, 자신의 위치를 최대한 낮추어야 한단다. 이때 나무 밑에 서 있으면 안 되고 우산이나 지팡이 등을 들고 있어서도 안 된다는 것 꼭 명심하자!
혹시 자동차를 타고 있을 때는 내리지 말고 자동차 안에 있는 것이 더 안전하단다

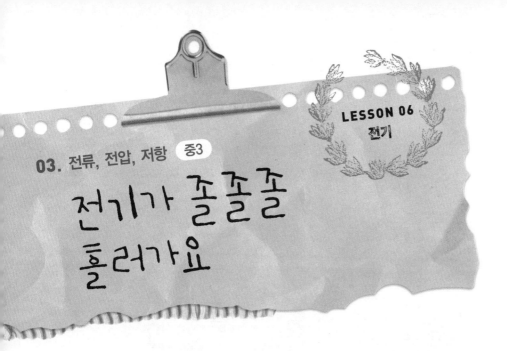

03. 전류, 전압, 저항 중3

전기가 졸졸졸 흘러가요

앞에서 배운 마찰로 생긴 마찰 전기나 정전기 유도에 의한 전기는 한곳에 머물러 있는 게 특징이야.

그런데 우리가 사용하는 전기 제품은 대부분 전기가 졸졸졸 흘러야지만 쓸모가 있어.

캄캄한 밤에 손전등의 스위치를 누르면 전구에 불이 켜지고, 라디오 스위치를 켜면 즐거운 노랫소리가 흐르는 게 다 전기의 흐름 덕분이야. 라디오 스위치를 켜면 (−)전기를 띤 전자가 도선을 따라 이동해 소리가 나게 되는 거지.

이와 같이 전기가 한곳에서 다른 곳으로 이동하는 것을 **전류**라고 한단다.

물의 흐름과 비슷하니까 어렵게 생각하지 마.

수도관에서 흘러나온 물이 물레방아를 돌릴 수 있듯이 도선을 통해 전류가 흐르면 꼬마전구에 불이 켜지는 거야.

물은 한 번 흘러내리고 나면 더 이상은 물레방아를 돌릴 수 없잖니. 하지만

흐름을 타는 게 중요해!

펌프를 이용해 물을 끌어올리면 계속 물레방아를 돌릴 수 있지. 펌프 덕분에 물이 계속 흐를 수 있는 능력이 생기는 거야.

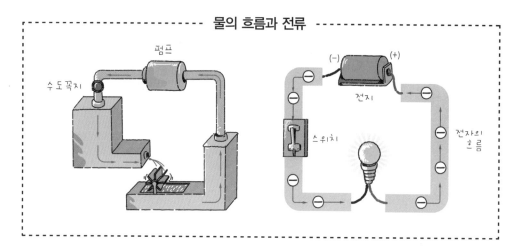

전류도 전류를 흐르게 하는 능력인 **전압**에 의해 흐르게 된단다. 이때 전압이 클수록 더 센 전류가 흐르게 돼. 보통 건전지가 회로에 전압을 공급하는 역할을 해 주지. 전지 1개의 전압이 1.5V란 사실은 두말하면 잔소리겠지?

예전부터 과학자들이 전자에 대해 알고 있었던 건 아니야. 전자의 존재를 알지 못했을 때 과학자들은 전류의 방향을 전지의 (+)극에서 도선을 따라 (−)극으로 흐른다고 하기로 약속했지.

그 후 전류는 전자가 (−)극에서 (+)극으로 이동하는 흐름이라는 것이 밝혀졌어. 하지만 전류의 방향에 대한 정의는 그대로 사용하기로 하여 전류의 방향은 전자의 이동 방향과 반대가 된 것이란다.

전류가 도선에 흐를 때 전류의 흐름은 방해를 받아. 이를 **전기 저항**이라고 해. 육상 종목의 하나인 허들 경기를 생각해 봐. 허들 경기에서 허들이 많을수록 달리는 속도가 느릴 수밖에 없지? 허들이 달리는 사람에게 움직임을 방해하는 요소가 되니까 말이야. 전기 회로에도 이와 같이 전류의 흐름을 방해하는 장애물인 전기 저항이 있는 거지.

회로에 연결된 도선의 재질에 따라 전기 저항이 달라져. 금속과 같이 전기 저항이 작아 전류가 잘 흐르는 물질을 **도체**라 하고, 저항이 커서 전류가 흐르지 않는 물체를 **부도체**(절연체)라고 해.

전기 저항이 가장 작은 금속이 뭔지 아니? 바로 은이야. 도선을 만들 때 전기 저항이 제일 작은

전자의 이동 방향과 전류의 방향

은을 쓰면 좋겠지? 하지만 은은 너무 비싸서 저항이 은과 별로 차이가 나지 않으면서 값이 싼 구리를 많이 사용한단다.

직렬 연결, 병렬 연결

전지의 (+)극과 (−)극을 연결하는 직렬 연결을 사용하면, 전체 전압은 각 전지의 전압을 합한 것과 같이 커지므로 전구의 불이 더 밝아진단다.

전지의 (+)극은 (+)극끼리, (−)극은 (−)극끼리 연결하는 병렬 연결도 있어. 이때는 전지를 몇 개 연결했든 전체 전압은 전지 1개의 전압과 같아져. 대신 오래 사용할 수 있는 장점이 있어.

병렬 연결

직렬 연결

무중력 상태에서는 어떤 일이 일어날까?

2008년 4월 8일 한국 최초의 우주인인 이소연은 소유즈 우주선에 탑승하여 국제 우주 정거장에서 약 일주일간 체류하면서 과학 실험 등 다양한 우주인 임무를 수행했어. 그로 인해 무중력 상태로 알려진 우주선에서 일어나는 일에 대한 관심이 많아졌지.

무중력 상태는 글자 그대로라면 중력이 없는 상태를 말한단다. 그러나 무중력 상태는 두 가지 경우를 말해.

중력은 기본적으로 질량으로 인해 생기는 것이기 때문에 질량이 전혀 없는 곳에서만 무중력 상태가 될 수 있어. 그리고 주위의 중력이 평형을 이루는 지점에 있을 경우에도 무중력 상태가 될 수 있어.

그러니까 무중력 상태란 중력이 없는 것이 아니라 무게가 없는 상태로 중력에 의한 힘을 전혀 받지 못하는 상태를 말하는 거야.

02 물질

우리는 수많은 물질을 접하며 살아가고 있는데, 이러한 물질을 설명하는 학문이 바로 화학이란다. 아는 만큼 즐길 수 있는 것이 참 많지? 화학도 그래. 우리 주변 물질의 세계를 이해한다면 세상 어느 곳에 있는 물질이든 과학적인 사고가 가능할 것이고, 더 나아가 물질을 안전하고 효과적으로 다룰 수 있게 될 거야. 이 단원에서는 물질에 대한 이해와 과학적인 원리를 통해 주변에서 쉽게 접하는 물질들이 보여 주는 여러 가지 현상들을 쉽고 재미있게 알아보기로 하자.

01. 물질의 세 가지 상태 중1

음식 속에 숨은 고체, 액체, 기체

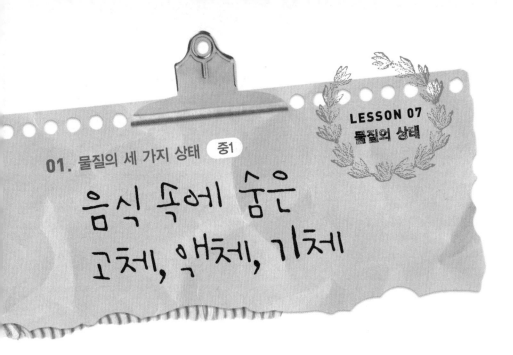

요리에서 과학을 배워 볼까? 자장면의 맛을 내기 위해서는 여러 가지 재료가 필요해. 감자, 양파, 돼지고기, 식용유, 춘장 같은 재료들이 있어야 해. 찐만두를 만들 때에는 뜨거운 수증기도 필요하지.

자장면과 찐만두의 재료들에는 고체도 있고 액체도 있어. 기체도 있고 말이야. 모든 물질은 이렇게 세 가지 상태로 구분할 수 있다는 말씀. 그러면 고체, 액체, 기체의 성질은 서로 어떻게 다를까?

책상, 연필과 같이 주위에서 흔히 볼 수 있는 물체들은 대부분 고체로 이루어져 있어. **고체**는 한번 모양을 만들어 놓으면 흐트러지지 않고 일정한 모양을 유지하는 성질이 있지. 물론 강한 힘을 가하면 부서지거나 쪼개지기도 하지만, 모양이 변한 후에도 그 변한 모양을 유지하게 돼. 만약 고체 상태의 물질이 없다면 어떻게 될까? 물체를 손으로 잡을 수도 없고, 일정한 모양을 가져야 하는 물건 등을 만들 수도 없을 거야.

액체는 일정한 모양이 있는 고체와는 달리 액체를 담는 그릇의 모양에 따라 모양이 달라져. 액체는 흐르는 성질이 있고, 다른 물질을 녹이는 성질도 가지고 있지. 우리 주변의 대표 액체인 물을 보면 잘 흐르고 설탕이나 소금을 아주 잘 녹이잖니.

기체는 액체 상태의 물질보다 더 자유롭게 모양이 변해. 냄새처럼 한곳에 머물러 있지 않고 사방으로 퍼져나가는 성질이 있지. 기체는 기체를 이루는 입자 사이에 빈 공간이 많기 때문에 부피도 쉽게 변해. 주사기 구멍을 막고 주사기 피스톤을 누르면 부피가 줄어들었다가 누르는 힘이 사라지면 원래 부피로 되돌아오게 되지. 이런 성질은 우리 생활에 아주 편리하게 쓰이고 있어. 바닥에 공기를 넣은 '에어쿠션'으로 점프 후 바닥에 떨어지면서 발과 무릎에 오는 충격을 줄인 농구화도 기체의 자유로운 부피 변화를 이용한 예야.

지금까지 살펴본 것처럼 고체, 액체, 기체는 각각 다른 특징을 가지고 있단다. 하지만 물질은 어느 한 상태로만 존재하는 것은 아니야. 물이 얼음이나 수증기가 되듯이 온도에 따라 서로 다른 상태로 존재할 수도 있단다.

물체와 물질

물체란 어떤 용도로 쓰기 위해 만든 일정한 크기와 모양을 가진 물건을 말해. 물질은 물체를 만든 재료를 가리키는 말이고. 예를 들어 책상, 의자, 문, 창문, 칠판 등은 물체고, 이러한 물체를 만드는 데 필요한 나무, 금속, 유리 같은 재료는 물질이지.
물체를 만들 때에는 한 가지 물질만을 이용하기도 하지만, 두 종류 이상의 물질을 이용하여 만들기도 한단다.

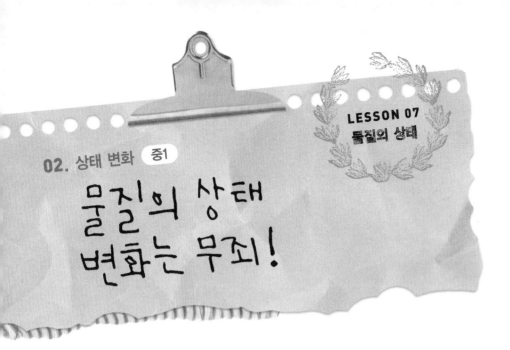

02. 상태 변화 중1

물질의 상태 변화는 무죄!

　더운 여름에 엄마가 만들어 주신 맛있는 팥빙수를 금방 먹어야지 다짐하고 있다가 그만 깜박 잊어버려 얼음이 다 녹아 물이 된 걸 본 경험이 있을 거야.

　이렇게 고체 상태의 물질이 열을 흡수하면 녹아서 액체 상태가 되고 더욱 가열하면 끓어서 기체가 된단다.

　그러면 고체인 양초에 열을 가하면 어떻게 될까? 양초에 불을 붙이면 고체인 양초가 녹아 액체인 촛물이 되어 심지를 타고 올라가게 되지. 이 촛물이 다시 기체로 변하여 밝게 타게 되고, 심지를 타고 올라가지 못한 촛물은 밖으로 흘러내리면서 다시 고체인 양초가 돼.

　이처럼 많은 물질들은 온도가 변하면 고체, 액체, 기체의 세 가지 상태로 서로 변할 수 있어. 이러한 현상을 **상태 변화**라고 하는 거야.

　물질의 상태 변화를 정리해 볼까? 고체를 가열하

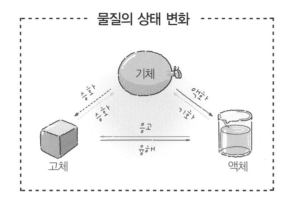

물질의 상태 변화

기체

승화

승화

액화

응고

융해

기화

고체

액체

면 액체가 되는 현상을 **융해**, 액체를 가열하여 기체가 되는 현상을 **기화**, 기체를 냉각하여 액체가 되는 현상을 **액화**, 액체를 냉각하여 고체가 되는 현상을 **응고** 라고 해.

일반적으로 고체 상태의 물질을 가열하면 액체 상태가 되고, 더욱 가열하면 기체 상태로 변하지. 그리고 기체 상태의 물질을 냉각하면 액체 상태를 거쳐 고체 상태로 변하게 돼.

그러나 어떤 물질은 고체에서 액체를 거치지 않고 기체로 되거나, 기체에서 직접 고체로 되기도 하는데, 이러한 현상을 **승화**라고 한단다. 아이스크림이 녹지 않도록 하기 위해 포장할 때 넣는 고체 드라이아이스는 고체에서 직접 기체로 승화하게 돼. 이러한 현상은 아주 추운 겨울, 밖에 널어놓은 빨래가 꽁꽁 얼어붙어 있다가도 시간이 지나면 결국 마르게 되는 데에서도 찾아볼 수 있지.

김과 수증기

주전자 물이 끓을 때 나오는 김은 안개와 같이 작은 물방울이 공기 중에 떠 있는 것으로, 물방울 하나하나는 액체 상태야. 수증기는 기체 상태이므로 우리 눈에 보이지 않는단다. 물이 끓을 때 수증기와 김이 같이 나오지만 수증기는 눈에 보이지 않고, 눈에 보이는 김은 액체 상태라는 것, 기억해!

김

수증기

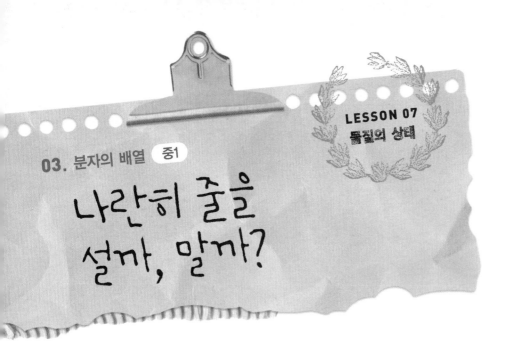

03. 분자의 배열 중1

나란히 줄을 설까, 말까?

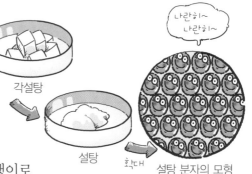

나란히~
나란히~

각설탕

설탕

혹대

설탕 분자의 모형

우리 주변의 물질들을 계속 쪼개면 어떻게 될까? 크기가 점점 작아지면서 결국은 사라지게 될까? 당연히 그렇지는 않아. 사실 우리 주변의 모든 물질은 분자라는 아주 작은 알갱이로 이루어져 있어.

예를 들어 각설탕을 물에 녹여 어떤 사람에게 준다면 그 사람은 설탕이 보이지는 않지만 단맛이 나는 것으로 보아 설탕이 녹아 있다는 사실을 알아챌 거야. 각설탕을 망치로 쪼개서 가루 설탕으로 만들어 물에 넣어도 똑같이 단맛이 나지. 각설탕을 더욱 곱게 쪼개고 갈아도 그렇겠지? 이것은 각설탕과 가루 설탕이 같은 성질을 가진 작은 알갱이들이 모여서 이루어져 있기 때문이야. 이와 같이 물질의 성질을 가지고 있는 가장 작은 알갱이를 **분자**라고 해.

사실 컵에 담긴 물도 전체가 하나처럼 보이지만, 물을 쏟으면 작은 물방울이 되어 흩어지면서 더 작은 물방울이 될 수 있어. 계속해서 더 작은 물방울로 만들다

물질의 상태와 분자 배열

분자 사이의 간격이 매우 조밀함

분자 사이의 간격이 고체보다는 조금 멀어짐

분자 사이의 간격이 매우 넓음

고체   액체   기체

보면 결국 물의 성질을 가진 가장 작은 알갱이인 물 분자가 되지.

우리 주변의 많은 물질은 이렇게 물질 고유의 성질을 나타내는 분자의 모임으로 이루어져 있단다. 분자의 크기나 모양은 물질의 종류에 따라서 다르지.

같은 분자로 이루어진 물질이라도 분자 배열이 다르면 각각의 특징이 다르게 나타나기도 해. 우리가 흔히 보는 물, 얼음, 수증기도 같은 물질이지만 분자 배열에 따라 상태가 다르잖니.

분자의 크기는 얼마나 작나요?

분자는 그 크기가 매우 작아서 눈으로 관찰할 수 없을 뿐만 아니라 일반 현미경으로도 볼 수 없단다.
만약 설탕 분자를 사과만큼 확대하고, 사과를 같은 비율로 키운다면 사과 크기는 지구의 크기와 비슷해질 거야. 분자가 얼마나 작은 알갱이인지 알 수 있겠지?

설탕 분자 →(확대)
→(확대)

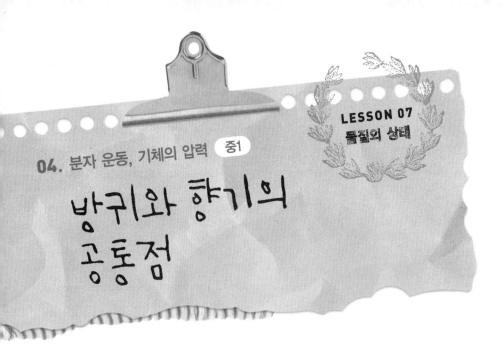

04. 분자 운동, 기체의 압력 중1

방귀와 향기의 공통점

주원이는 교실에 들어서자마자 향기로운 꽃 냄새가 나는 걸 느끼고 기분이 좋아졌어. 민호는 교실에 들어서자마자 쿠리쿠리한 방귀 냄새를 느꼈어. 아마도 범인은 교실에 있던 누군가이겠지.

꽃향기와 방귀 냄새는 어떻게 퍼져 나가게 된 것일까? 바로 꽃향기와 방귀 냄새 분자가 스스로 운동하여 기체나 액체 속으로 퍼져 나가는 현상인 **확산** 때문이야. 확산은 우리 생활 여러 곳에서 볼 수 있어. 엄마가 요리하는 냄새가 풍겨 오는 것도 확산이라고 할 수 있어. 황산구리를 물에 넣고 가만히 두면 황산구리 분자들이 물 분자들 사이로 퍼지면서 물 전체의 색깔이 변하게 되는 것도 확산에 의한 거야.

그러면 확산 이외에 분자들이 끊임없이 움직이고 있음을 알 수 있는 또 다른 현상은 무엇일까? 시간이 지나면 젖어 있던 빨래의 물기가 마르게 되지? 이것은 액체 상태의 물 분자가 기체로 상태가 변하여 공기 중으로 날아가기 때문이야. 이렇게 액체의 표면에서 액체 분자의 일부가 공기 중으로 날아가 기체가 되는 현상을 **증발**이라고 한단다.

확산이나 증발에서 보는 것처럼 분자들은 정지해 있지 않고 끊임없이 움직이는데, 이것을 우리는 **분자 운동**이라고 한단다.

그런데 물질의 상태에 따라 분자 운동의 활발한 정도가 달라. 기체 상태에서는 분자들이 제각기 멀리 떨어져 있어서 다른 분자들의 영향을 훨씬 적게 받아. 그래서 분자 운동이 매우 활발하고 자유롭지.

풍선에 공기를 불어 넣으면 풍선이 팽팽해지는 것도 기체의 분자 운동과 관계가 있어. 풍선에 공기를 불어 넣으면 풍선 안에서 스스로 움직이던 공기 분자들이 풍선 벽에 부딪히게 되어 풍선 벽이 풍선의 바깥쪽으로 힘을 받게 돼. 이 힘 때문에 기체의 압력이 나타나게 되는 거란다.

증발과 끓음

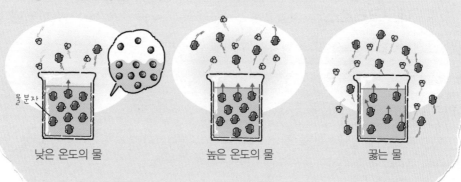

증발은 액체가 기체가 되는 기화 현상인 셈이야. 그렇다면 액체가 기체가 되는 끓음과는 어떻게 다를까?
증발은 자연 상태의 분자 운동에 의한 에너지로 액체의 표면에서만 기화가 일어나는 것이고, 가열에 의해 액체 내부에서도 기화가 일어나는 경우가 바로 끓음이란다.

낮은 온도의 물   높은 온도의 물   끓는 물

물분자

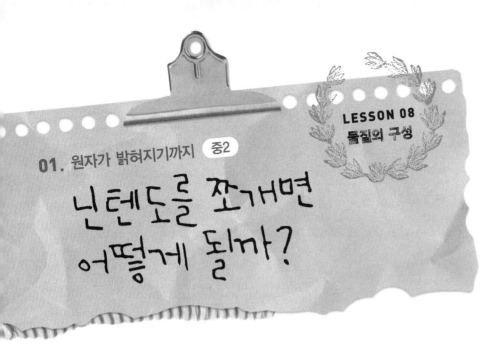

01. 원자가 밝혀지기까지 중2

닌텐도를 쪼개면 어떻게 될까?

오 마이 갓~
내 닌텐도!

너희가 사랑해 마지않는 닌텐도를 쪼개고 쪼개면 뭐가 나올까? 뭐? 마이크로칩이 나온다고? 아니, 그것마저도 쪼개면 말이야. 하하, 생각하기도 싫다고?

옛날부터 많은 사람들이 물질을 계속 쪼개어 가면 어떻게 될지 매우 궁금해했단다.

그리스의 철학자 **탈레스**는 만물의 근원이 물이라고 생각했어. 그리고 **엠페도클레스**는 만물이 '물, 불, 흙, 공기'로 구성되어 있다는 4원소설을 주장했어.

그러다 **데모크리토스**는 처음으로 모든 물질은 계속 쪼개어 가면 마침내 더 이상 쪼갤 수 없는 가장 작은 입자인 원자로 구성되어 있다고 주장을 했어. 하지만 데모크리토스의 원자설은 17세기에 이르기까지 엠페도클레스의 4원소설에 눌려 빛을 보지 못했단다.

엠페도클레스의 4원소설은 어떤 내용일까? 엠페도클레스는 이 세상이 물, 불,

흙, 공기의 네 가지 원소와 따뜻함과 차가움, 건조함과 축축함의 네 가지 성질로 되어 있다고 생각했어. 그래서 네 가지 기본 성질의 조합에 의해 물질은 서로 변환될 수 있다고 주장한 거지.

이런 생각은 당시 최고 귀중품으로 대우받던 금을 만들려는 노력으로 이어지게 돼. 연금술사들은 수은, 소금, 황을 금으로 바꾸려고 여러 가지 시도를 했어. 하지만 결국 실패하게 되지.

그 후 17세기에 접어들어서야 원소의 개념에 대한 과학적인 검토가 이루어지게 돼. 영국의 과학자 보일은 더 이상 분해할 수 없는 물질을 **원소**로 제안하고, 라부아지에는 그때까지 발견된 33종의 원소를 발표했단다.

그리고 원소를 이루는 개개의 입자를 **원자**라고 하는데, 19세기 초까지 막연하게 이해하고 있던 이 원자에 대한 개념을 과학적인 방법으로 설명한 것은 돌턴이었어.

돌턴은 '모든 물질은 더 이상 쪼갤 수 없는 원자로 이루어져 있다'는 **원자설**을 주장했단다.

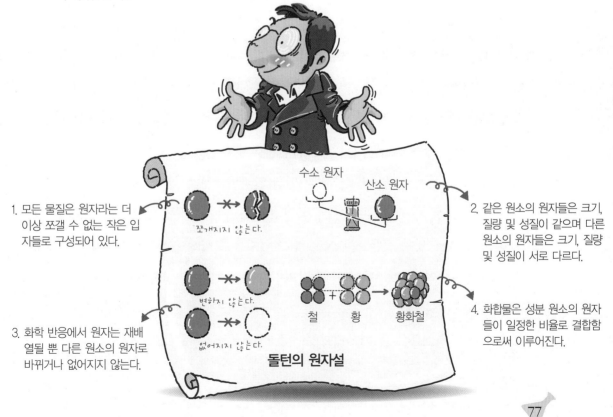

수소 원자 산소 원자

1. 모든 물질은 원자라는 더 이상 쪼갤 수 없는 작은 입자들로 구성되어 있다.

쪼개지지 않는다.

변하지 않는다.

3. 화학 반응에서 원자는 재배열될 뿐 다른 원소의 원자로 바뀌거나 없어지지 않는다.

없어지지 않는다.

철 황 황화철

돌턴의 원자설

2. 같은 원소의 원자들은 크기, 질량 및 성질이 같으며 다른 원소의 원자들은 크기, 질량 및 성질이 서로 다르다.

4. 화합물은 성분 원소의 원자들이 일정한 비율로 결합함으로써 이루어진다.

02. 원소, 원소 기호, 불꽃 반응 중2

원소를 어떻게 나타낼까?

우리 주변에는 얼마나 많은 원소들이 있을까?

인류의 역사가 기록되기 시작한 때에는 금, 구리, 철, 은, 납, 황, 주석, 안티몬, 수은, 탄소라는 10개의 원소들만 알려져 있었단다. 그래서 연금술사들은 오른쪽의 그림처럼 원소를 그림으로 표현했어. 그 후에 돌턴은 그림 대신 원 속에 알파벳이나 간단한 그림을 넣어 원소를 표현했어.

하지만 1700년대 후반에 92종의 원소가 밝혀졌고, 최근에는 인공적으로 원소를 만들기도 해서 원소가 모두 109종이나 된단다. 이러한 원소를 그림이나 복잡한 모양의 기호를 사용해 나타내면 매우 불편하겠지?

그래서 오늘날에는 베르셀리우스가 제안한 알파벳으로 된 원소 기호를 사용하고 있단다. 그리스 어 또는 라틴 어로 된 원소 이름의 첫 글자를 알파벳의 대문자로 나타내고, 첫 글자가 같은 경우에는 중간 글자를 택하여 첫 글자 다음에 소문자로 나타내는 것이지. 그러나 최근에 알려진 원소는 대부분 영어에서 따온 원소 기호를 사용하고 있단다.

그런데 이런 원소들은 물질의 겉모양이나 색깔 등으로는 구별할 수 없는 경우

원소 이름	황	철	아연	은	수은
연금술사의 원소 기호	↑	♂	#	☽	♀
돌턴의 원소 기호	⊕	Ⓘ	Ⓩ	Ⓢ	O
원소 기호	S	Fe	Zn	Ag	Hg

가 많아. 그럼 이러한 원소들은 어떻게 구별할 수 있을까? 바로 불꽃 반응색을 비교하면 된단다. 어떤 물질을 불꽃 속에 넣고 가열할 때 그 속에 포함된 원소에 따라 각각의 고유한 색깔을 나타내는 현상을 **불꽃 반응**이라고 하지. 불꽃 반응을 이용하면 물질 속에 녹아 있는 성분을 확인할 수 있어.

| 리튬 | 나트륨 | 칼륨 | 칼슘 | 황산구리 |

밤하늘을 수놓는 불꽃놀이

아름다운 불꽃놀이는 어떻게 만들까?
불꽃이 희게 빛나는 것은 과염소산칼륨 때문이야. 이 물질이 높은 온도로 가열되면 산소를 발생하여 다른 물질이 잘 타도록 도와주지. 그리고 불꽃의 눈부신 광채는 마그네슘과 알루미늄, 특별한 색깔은 염화스트론튬(붉은색), 질산바륨(황록색), 염화구리(청록색) 등과 같은 물질을 섞어서 태울 때 나타나는 색깔을 이용한 거야.

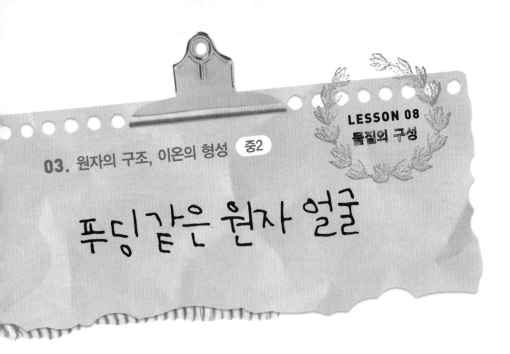

푸딩같은 원자 얼굴

우리 주변에는 물, 공기, 풍선 같은 많은 물질이 있지? 이런 물질들은 원자로 이뤄져 있어. 그렇다면 원자는 어떻게 생겼을까? 원자는 눈에 보이지 않아. 그래서 과학자들은 원자를 모형으로 나타내 이해하기 쉽게 보여 주고자 노력을 많이 했어.

돌턴은 물질은 가장 작은 입자인 원자로 이루어져 있는데 이 원자는 딱딱한 공 모양이라고 주장했어.

그 후 **톰슨**은 실험을 통하여 원자 속에 (−)전기를 띤 전자가 들어 있다는 것을 발견하게 돼. 그래서 원자 모형을 (+)전기를 띤 푸딩 속에 같은 전기량의 (−)전기를 띤 전자가 건포도처럼 박혀 있는 것으로 그렸지.

그런데 이후에 **러더퍼드**가 원자에 원자핵이 있다는 사실을 발견했어. 원자의 중심에 (+)전기를 가진 원자핵이 존재하고, 그 주위를 (−)전기를 가진 전자가 돌고 있다는 거였어.

러더퍼드의 제자인 **보어**는 여기에서 한 걸음 더 나아가 원자핵 주위의 전자는 원자핵 주위에 무질서하게 존재하는 것이 아니라 특정한 에너지를 가지고 몇 개의 원 모양 궤도를 따라 빠르게 돌고 있다고 주장했어. 이 궤도를 전자껍질이라고 하는데, 전자껍질에는 정해진 개수의 전자만 들어갈 수 있다는 거였지.

현대의 원자 모형은 이전의 원자 모형과는 또 다른 모습이야. 바로 전자가 원자핵 주위를 빙글빙글 도는 게 아니고 전자 구름의 형태로 나타나. 전자 구름은 전자가 존재할 확률에 따라 다른 분포를 보여 주지. 서로 다른 원소(물질을 이루는 기본 성분)를 이루는 원자는 원자핵 바깥에 있는 전자의 수가 서로 다르단다.

전자는 첫 번째 전자껍질에 2개까지 들어가고 그다음 전자껍질부터는 8개까지 들어갈 수 있어. 이때 가장 바깥 전자껍질의 전자가 꼭 차 있어야 안정된 상태야.

예를 들어 소금(NaCl)을 녹이면 나트륨 원자와 염소 원자로 분리되지. 이때 나트륨 원자의 전자는 11개이고, 염소원자의 전자는 17개란다. 나트륨 원자는 첫 번째 전자껍질에 2개가 들어가고, 두 번째 전자껍질에 8개가 들어가. 세 번째 전자껍질에는 한 개의 전자만 들어가.

그래서 총 11개의 전자 중 가장 바깥인 세 번째 전자껍질의 전자 1개를 버리고 두

원자의 구조

돌턴 →	톰슨 →	러더퍼드 →	보어 →	현재 모형
단단하고 더 이상 쪼갤 수 없는 작은 공 모양이다.	원자핵의 개념이 없는 건포도가 든 푸딩 모양이다.	태양 주위를 돌고 있는 혹성과 같은 전자 혹성 모형이다.	전자는 원자핵 주위에서 불연속적인 원 궤도를 그리면서 운동한다.	핵 주위의 전자를 확률 분포에 따라 나타나게 하는 전자 구름 모형이다.

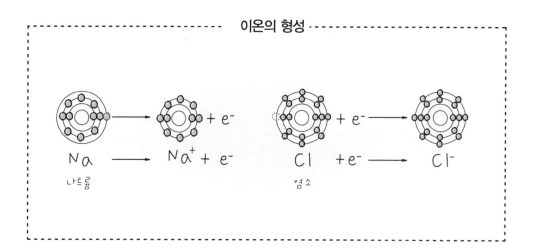

번째 전자껍질의 전자 수 8개를 가장 바깥으로 만들어 안정되려는 성향이 있어. 그래서 나트륨은 전자 1개를 버리고 (+)이온인 나트륨 이온(Na^+)이 되는 거야.

그리고 17개의 전자를 가진 염소 원자는 첫 번째 전자껍질에 2개, 두 번째 전자껍질에 8개, 그리고 세 번째 전자껍질에는 7개의 전자가 들어가. 그러니까 가장 바깥 껍질이 꽉 차지 않아서 불안정한 상태야. 그런데 아까 나트륨에서 전자 1개를 버렸잖니? 그 전자 1개를 염소가 얻어 가장 바깥 전자껍질의 전자 수가 8개가 되면 안정되는 거야. 그래서 염소는 (−)이온인 염화 이온(Cl^-)이 되지.

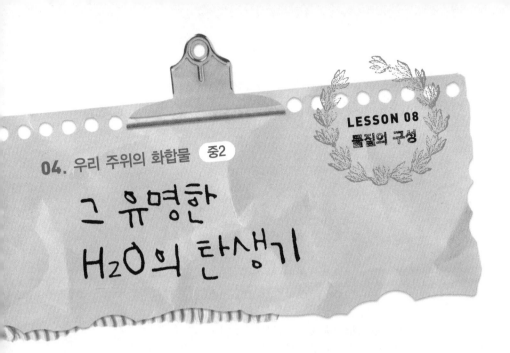

그 유명한 H₂O의 탄생기

길을 가나 보면 여러 가지 표지판을 볼 수 있어. 표지판에는 알려야 할 내용이 기호로 간단하게 그려져 있지. 교통 법규를 나타낼 때 기호를 사용하면 훨씬 간단해진단다.

우리 주변의 여러 물질도 원소 기호를 이용하여 간단하게 나타낼 수 있어. 물질들의 성분 요소를 조사해 보면 금, 은, 구리, 철 등과 같이 한 가지 원소로만 이루어진 물질이 있는데, 이를 **홑원소 물질**이라고 해.

또 물, 이산화탄소, 소금 등과 같이 두 가지 이상의 원소가 결합하여 이루어진 물질은 **화합물**이라고 해.

이러한 화합물의 원소 기호는 어떻게 나타낼까?

철이나 구리와 같은 금속은 같은 종류의 수

너와 난 달라!

아냐, 같아! 우린, 홑원소 물질이잖아.

다이아몬드

철

많은 원자가 질서 있게 결합되어 있어. 그래서 원소 기호로 그 물질을 나타낸단다. 그러니까 철은 Fe로, 구리는 Cu로 나타내지. 다이아몬드의 경우도 탄소 원자가 규칙적으로 배열되어 있어서 C로 나타낼 수 있단다.

그런데 원자들은 바깥 전자껍질의 전자 수를 가득 채워 안정화하려는 성질이 있다고 했지. 그래서 두 원자가 서로 전자를 내놓고 공유하여 분자를 이룬단다. 이런 결합을 하고 있는 수소 기체의 경우를 예로 들어 볼게. 수소 원자는 전자가 1개로, 전자 하나를 더 얻어 안정되려는 성질이 있어. 그래서 2개의 수소 원자가 서로 전자 1개를 내놓고 공유하여 결합하면서 서로 안정된단다. 수소 기체는 식으로 H_2라고 나타내게 되지.

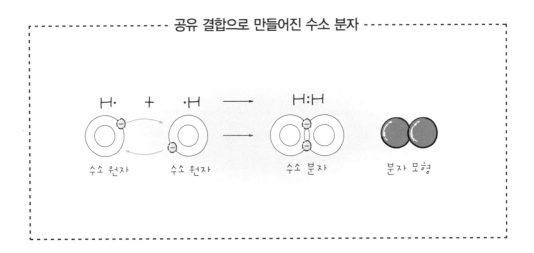

공유 결합으로 만들어진 수소 분자

물의 경우도 수소 원자 2개와 산소 원자 1개가 전자를 공유하여 이루어져 있어 H_2O라고 표현하지. 그리고 이산화탄소는 산소 원자 2개와 탄소 원자 1개가 전자를 공유하여 CO_2가 된단다.

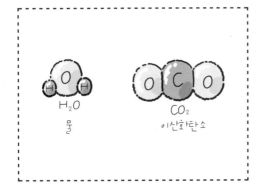

마지막으로 우리 생활에 아주 소중한 물질인 소금은 어떻게 만들어진 것일까? 나트륨은 전자 1개를 잃어 나트륨 이온(Na^+)이 되고, 염소는 전자 1개를 얻어 염화

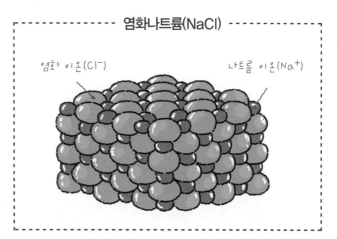

염화나트륨(NaCl)

염화 이온(Cl^-)

나트륨 이온(Na^+)

이온(Cl^-)이 되어야 안정이 된다고 한 것 기억하지? 소금인 염화나트륨은 나트륨 이온(Na^+)과 염화 이온(Cl^-)이 1:1로 결합하여 만들어진 거야. 그래서 Na^+과 Cl^-의 결합하는 비율 1:1을 넣어 NaCl이라고 쓰는 거란다.

같은 탄소 형제인데!

다이아몬드와 흑연의 공통점이 뭘까? 바로 같은 탄소로 이루어져 있다는 거야. 구성 원소는 같은데 생김새부터 특성 등 모든 부분에서 달라진 이유는 뭘까? 그건 바로 탄소의 결합 방법에 차이가 있기 때문이야. 다이아몬드는 고온, 고압 상태에서 탄소가 결정형 형태로 촘촘하게 결합되었고, 반연 흑연은 그보다 약한 온도와 압력에서 육각형의 판상 형태로 결합되었기 때문이지. 그래서 흑연은 약한 압력에도 쉽게 부서져 연필심 등에 사용하는 것이고, 다이아몬드는 세상에서 가장 단단한 아름다운 물질로 인정받게 된 거란다. 같은 부모의 형질을 이어받았지만 어떻게 형성되었느냐에 따라 그 가치가 달라진 거야!

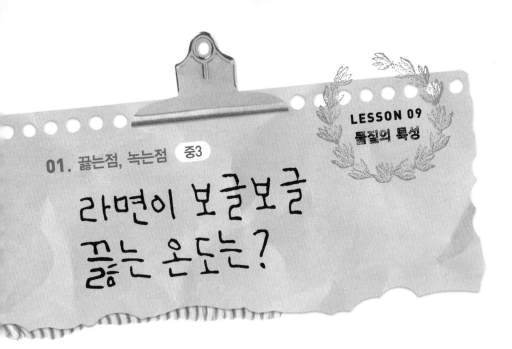

01. 끓는점, 녹는점 중3

라면이 보글보글 끓는 온도는?

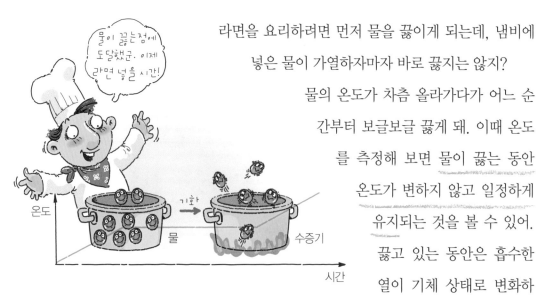

물이 끓는점에 도달했군. 이제 라면 넣을 시간!

온도

기화

물

수증기

시간

라면을 요리하려면 먼저 물을 끓이게 되는데, 냄비에 넣은 물이 가열하자마자 바로 끓지는 않지?

물의 온도가 차츰 올라가다가 어느 순간부터 보글보글 끓게 돼. 이때 온도를 측정해 보면 물이 끓는 동안 온도가 변하지 않고 일정하게 유지되는 것을 볼 수 있어. 끓고 있는 동안은 흡수한 열이 기체 상태로 변화하는 데 다 쓰이기 때문에 온도가 일정하게 유지되는 거야. 이때의 온도를 **끓는점**이라고 하는데, 물의 끓는점은 1기압에서 100℃가 되지. 하지만 같은 조건으로 에탄올을 가열해 보면 78℃의 온도에서 끓는단다.

이렇게 물질마다 끓는점이 다르기 때문에 끓는점은 물질의 고유한 특성이라고 할 수 있어.

끓는점은 압력의 영향을 받아. 압력이 클수록 액체 분자가 기체가 되는 것을 방해하기 때문에 더 많은 열에너지가 필요하게 되어 끓는점이 높아져.

그럼 고체가 액체가 될 때의 온도는 어떻게 나타낼까?

파라디클로로벤젠이라는 고체를 가열해 보면 고체 상태를 유지한 채 온도가 올라가다가 어느 온도에 도달하면 고체가 액체가 되면서 온도가 변하지 않게 돼. 이 일정하게 유지되는 온도를 **녹는점**이라고 해. 그러다 모두 액체가 되면 다시 온도가 올라가게 돼. 그런데 액체가 된 파라디클로로벤젠을 냉각시키면 계속 액체 상태인 채로 온도가 내려가다 액체가 고체 상태로 변화하는 동안 온도가 일정하게 유지되지. 이때의 온도는 **어는점**이라고 한단다.

그럼 파라디클로로벤젠의 녹는점과 어는점을 비교해 볼까? 54℃로 서로 같지? 같은 물질이라면 녹는점과 어는점이 서로 같은 거야.

물의 경우도 물이 얼음이 되는 어는점이 0℃이지? 그렇다면 얼음이 녹아 물이 되는 녹는점도 0℃라는 거야. 녹는점(어는점)도 끓는점과 마찬가지로 물질마다 다르기 때문에 물질의 특성이라고 할 수 있어.

기름에 물방울이 들어가면?

튀김 요리를 할 때 물방울이 들어가면 기름이 튀어 오르는 것을 볼 수 있지? 기름은 끓는점이 매우 높기 때문에 튀김을 하는 온도인 180~200℃에서도 끓지 않아.

하지만 물이 들어가면 끓는점이 100℃인 물은 끓어서 기체가 되면서 부피가 많이 커지지. 때문에 뜨거운 기름과 함께 튀어 오르게 되는 거야. 그러니까 뜨거운 기름에 물이 들어가지 않도록 조심해야 한단다.

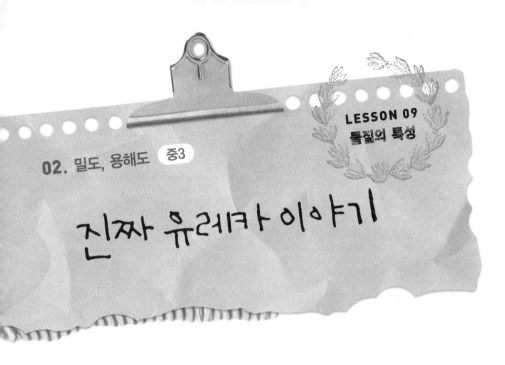

진짜 유레카 이야기

오, 물이 넘치다니!

유레카!

왕의 왕관   순금   순은

왕으로부터 왕관이 순금으로 만들어진 것인지 알아내라는 명령을 받은 아르키메데스는 한참을 궁리하다가 목욕탕에 들어갔어. 거기에서 자기 몸의 부피만큼 물이 넘치는 걸 보고 왕의 문제를 풀어낼 비법을 알아냈어. "유레카!" 하고 소리 친 건 알고 있지?

아르키메데스는 왕관과 같은 질량의 순금을 준비해서 물이 가득 담긴 그릇에 넣어 넘친 물의 질량과 부피를 비교해서 알아냈다고 해.

어떤 원리를 이용했을까?

먼저 물질마다 물질을 이루는 고유한 양인 질량은 물질의 특성일까, 아닐까? 예를 들어 질량 100g(그램)은 물, 나무 등 모든 물질에서 가능한 값이기 때문에 질량은 물질의 특성이 될 수 없어. 또한 물질이 차지하는 공간의 크기인 부피 역시 물질의 특성은 아니지. 왜냐하면 100mL(밀리리터)라는 부피는 주스, 플라스틱 등 여러 물질에서 가능한 값이잖아?

하지만 같은 부피에 대한 질량인 밀도는 물질마다 다르기 때문에 물질의 특성이 될 수 있어. 밀도 $= \dfrac{\text{질량}}{\text{부피}}$ 의 공식으로 구할 수 있지.

물질마다 구성하는 분자의 종류, 질량, 배열이 모두 달라. 그런데 만약 서로 다른 두 물질 A와 B가 있는데, A의 분자 1개의 질량을 5라 하고, 물질 B의 분자 1개의 질량을 10이라고 해 보자. 그림에서 물질 A와 B의 같은 부피에 대한 질량을 비교해 보면 A가 B보다 더 크지? 밀도는 $\dfrac{\text{질량}}{\text{부피}}$ 의 공식으

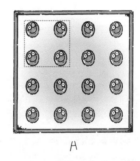

A   B

로 비교해 보면 A의 밀도가 B보다 크다는 것을 알 수 있어. 이렇게 같은 부피에 대한 질량을 비교할 때 질량이 큰 쪽이 밀도가 크다는 것을 알 수 있지.

만약 왕관이 순금이라면 순금과 밀도가 같아야 하겠지? 따라서 질량이 같다면 부피가 같아야 하므로 물이 가득 담긴 그릇에 넣었을 때 넘친 물의 부피가 같아야 해. 그런데 왕관의 넘친 물이 더 많았기 때문에 왕관이 순금으로 이루어진 것이 아니라는 결론을 내릴 수가 있었어.

이번에는 또 다른 물질의 특성을 알아볼까?

물에 설탕을 넣어 녹이면 설탕물이 되지? 물처럼 다른 물질을 녹여 주는 물질

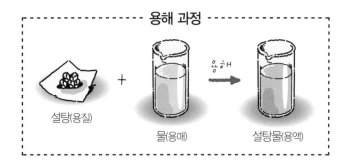

─ 용해 과정 ─

설탕(용질) + 물(용매) → 설탕물(용액)

을 **용매**, 설탕처럼 녹아 들어가는 물질을 **용질**, 설탕이 물에 녹는 과정을 **용해**, 설탕물을 **용액**이라고 해.

　그런데 1컵의 물에 설탕을 계속 넣어 주면 처음에는 녹지만 어느 순간부터는 녹지 않고 가라앉는 것을 볼 수 있어. 이것은 1컵이라는 물에 녹을 수 있는 설탕의 양에 한계가 있다는 것을 의미하지.

　그런데 1컵의 물에 소금을 넣어 보면 최대로 녹을 수 있는 양이 설탕과는 다르다는 것을 알 수 있어. 그래서 용매 100g에 용질을 최대로 녹였을 때 녹는 용질의 양을 **용해도**라고 정했단다. 이 용해도는 물질마다 서로 다르기 때문에 물질의 특성이 될 수 있는 거지.

타이태닉의 최후

물이 담긴 컵에 얼음을 넣으면 얼음이 물 위에 뜨지? 그 이유는 얼음이 물보다 밀도가 작기 때문이야. 그런데 이때 얼음의 92%(퍼센트) 정도는 물속에 있고, 8%만 물 밖으로 나오게 된단다.
초대형 여객선 타이태닉호의 침몰에 대한 얘기 들어 봤니? 타이태닉호는 빙산이 바다 위에 보이는 부분보다 바닷물 속에 잠겨 있는 부분이 더 많다는 것을 생각지 못하고 빙산과 충돌하면서 바닷속으로 사라지고 말았단다.

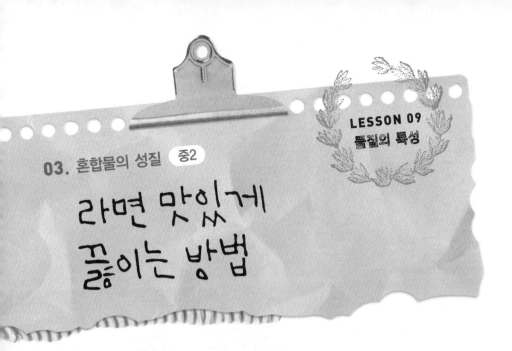

03. 혼합물의 성질 중2

라면 맛있게 끓이는 방법

얘들아, 피자 좋아하니? 피자는 밀가루 반죽 위에 고기, 햄, 채소, 치즈 등 여러 가지 토핑 재료들을 얹어 만든 음식이야. 우리가 먹는 음식들은 대부분 여러 가지 물질이 섞여 있지. 사실 자연계에 존재하는 물질들이 한 가지 물질로 이루어져 있는 것 같지만 대부분은 두 가지 이상의 물질이 섞여 있는 상태로 존재해.

소금물은 눈으로 봐서는 그 속에 무엇이 들어 있는지 알 수가 없어. 하지만 소금물을 증발 접시에 넣고 가열하면 물이 끓어 수증기가 되고 소금이 남지? 따라서 소금물은 소금과 물이 각각의 성질을 그대로 지닌 채 섞여 있는 물질이라는 것을 알 수 있어. 이처럼 두 가지 이상의 순수한 물질이 본래의 성질을 잃지 않고 섞여 있는 물질을 **혼합물**이라고 한단다.

이렇게 섞어도 본래의 성질은 잃지 않는다는 말이지!

그에 비해 증류수나 소금, 설탕과 같이 다른 물질이 섞여 있지 않고 한 가지 물질로 된 것을 **순물질**이라고 해.

설탕   물   설탕물

이러한 순물질은 녹는점, 끓는점, 밀도, 용해도 등이 일정해.

그렇다면 혼합물은 어떨까? 혼합물인 소금물의 끓는점과 어는점을 알아보자.

먼저 물과 소금물을 가열하여 끓는점을 측정해 보면 소금물의 끓는점이 물보다 높고, 끓고 있는 동안도 온도가 일정하지 않고 조금씩 올라간단다. 이렇게 혼합물인 용액의 끓는점이 순물질보다 높아지는 것을 **끓는점 오름**이라고 하지. 그래서 라면을 끓일 때 물에 미리 분말수프를 풀어 주고 끓이면 국물이 혼합물이 되기 때문에 물의 끓는점보다 높은 온도에서 끓게 되어 라면을 더 빨리 익힐 수 있다는 사실!

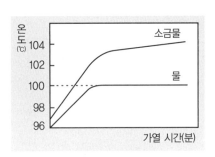

소금물의 끓는점

그럼 소금물의 어는점은 어떠할까? 소금물은 0℃보다 낮은 온도에서 얼기 시작해서 어는 동안에 온도가 계속 낮아지게 돼. 결국 혼합물의 어는점은 순물질보다 낮아지므로 **어는점 내림**이라고 하지.

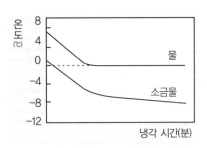

소금물의 어는점

혼합물의 이용

전선을 구리로만 만들면 너무 무거워서 축 처지기 때문에 알루미늄을 섞어 줘. 철은 쉽게 녹스는 단점이 있어서 텅스텐을 섞어 그릇을 만들지. 허용된 전류보다 많은 전류가 흐를 때 끊어짐으로써 전류를 차단해 주는 퓨즈는 납에 안티몬을 섞어 녹는점을 낮게 해 주고 있단다.

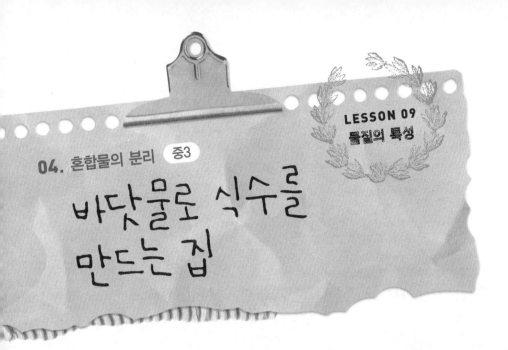

04. 혼합물의 분리 중3

바닷물로 식수를 만드는 집

물이 흰 빙술도 나지 않는 무인노에 마을을 세우기 위해 제일 먼저 해야 하는 건 뭘까? 바로 먹을 물을 구하는 거지.

그런데 아주 쉽게 먹을 물을 계속 얻을 수 있는 방법이 있어. 먼저 바닷물을 모으고 유리 지붕을 덮어. 바닷물이 뜨거운 태양열에 의해 증발할 때 생긴 수증기가 차가운 지붕에 닿으면 다시 물이 되는데 이 물을 모아 먹을 수 있단다.

이것의 비밀은 바로 끓는점에 있어. 바닷물이 뜨거워지면 끓는점이 낮은 물이 소금보다 먼저 끓어 수증기가 되는 것을 이용한 거야. 이렇게 끓는점을 이용해 혼합물을 분리할 수 있는 거지.

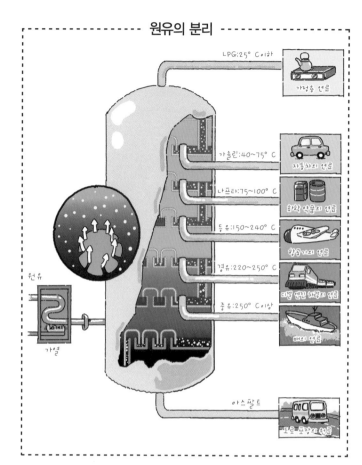

원유의 분리

LPG:25° C 이하 — 가정용 연료

가솔린:40~75° C — 자동차의 연료

나프타:75~100° C — 화학 약품의 연료

등유:150~240° C — 항공기의 연료

경유:220~250° C — 대형 엔진 차량의 연료

중유:250° C 이상 — 배의 연료

원유 / 가열

아스팔트 — 도로 포장의 연료

우리 생활에 없어서는 안 되는 석유도 원유의 끓는점을 이용해 분리해 낸단다.

땅속이나 바닷속에서 채취한 원유를 가열해 증류탑에 넣어 주면 위쪽에서부터 끓는점이 낮은 물질이 분리되어 가솔린-나프타-등유-경유-중유가 나오게 되는 거야.

우리 생활에 아주 유용한 혼합물의 분리 방법을 하나 알려 줄까?

바로 옷에 붙은 껌 떼기. 이럴 때 사용할 수 있는 혼합물 분리 방법의 한 가지는 얼음 조각을 헝겊에 싸서 껌이 묻은 부분에 대고 있는 거야. 그러면 껌이 굳어지는데 이때 떼어 내면 툭 떨어진단다. 그래도 잘 안 떨어진다면 껌에 휘발유를 묻힌 다음 손으로 비비면 된단다. 휘발유는 껌은 잘 녹이고 다른 물질은 녹이지 않는 성질이 있거든. 이런 것은 바로 용해되느냐 용해되지 않느냐를 이용했으므로 용해도를 이용한 혼합물의 분리 방법이라고 할 수 있지.

밀도를 이용해 혼합물을 분리할 수도 있어.

농촌에서 새로운 농사를 짓기 위해 겨우내 보관한 볍씨에는 속이 알차지 못한 쭉정이가 함께 섞여 있지? 일일이 쭉정이를 골라내기는 어렵잖아? 그때 소금물에 볍씨를 담그면 소금물보다 밀도가 큰 좋은 볍씨는 아래에 가라앉고, 밀도가 작은 쭉정이는 위에 뜨게 된단다. 그때 쭉정이만 건져 내면 간단하게 해결할 수 있지.

마지막으로 크로마토그래피라는 혼합물의 분리 방법을 알아볼까?

수성 사인펜으로 쓴 글씨가 물에 젖으면 여러 가지 색으로 얼룩지는 걸 본 적 있지? 한 가지 색으로만 보였지만 사실 잉크는 여러 가지 색소가 섞인 혼합물이거든. 그래서 종이가 물에 닿으면 물이 종이를 따라 올라갈 때 사인펜 잉크 색소가 녹아 함께 따라 올라가게 돼. 이때 각 색소의 이동 속도가 다르기 때문에 종이에 각자의 색깔이 나타나게 되는 거지.

이와 같이 혼합물을 이루는 여러 가지 성분 물질이 용매를 따라 이동하는 속도 차이를 이용하여 분리하는 방법을 **크로마토그래피**라고 한단다. 크로마토그래피는 성질이 비슷한 물질이 섞여 있거나 혼합물의 양이 매우 적을 때 효과적으로 분리할 수 있는 방법이야.

사고로 유출된 기름 제거

가끔 바다에서 기름 유출 사고가 나지. 이때 기름은 밀도가 작아서 바닷물 위에 뜨는데, 이 기름이 해류에 의해 자꾸 퍼져 나가게 돼. 그러면 기름의 확산을 막기 위해 오일펜스를 설치한 다음 물에 퍼진 기름을 회수기를 이용하여 수거하거나 흡착제를 이용하여 걷어 낸단다.

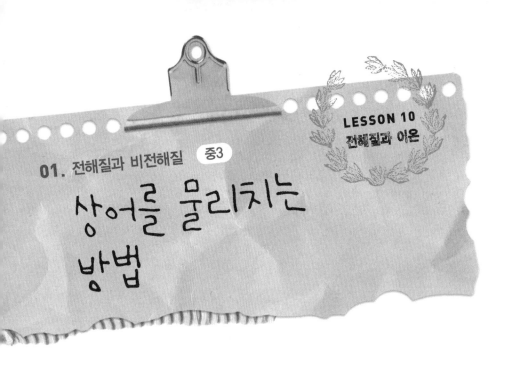

01. 전해질과 비전해질 (중3)

상어를 물리치는 방법

젖은 손으로 전자 제품의 플러그를 꽂으면 감전의 위험이 있어. 바로 손에 있는 소금과 같은 물질이 물에 녹으면 전류가 흐르는 성질이 생기기 때문이야. 이런 물질을 **전해질**이라고 해. 그러나 설탕은 물에 녹아도 전류가 흐르지 않는데, 이러한 물질은 **비전해질**이라고 해.

소금은 물에 녹으면 나트륨 이온(Na^+)과 염화 이온(Cl^-)이 되는데, 이때 (+)전기를 띠는 나트륨 이온은 전지의 (−)극 쪽으로 이동하고, (−)전기를 띠는 염화 이온은 (+)극 쪽으로 이동하면서 전류가 흐르게 되는 거란다. 설탕은 물에 녹아도 이온이 되지 않아서 전류가 흐르지 않는 거야.

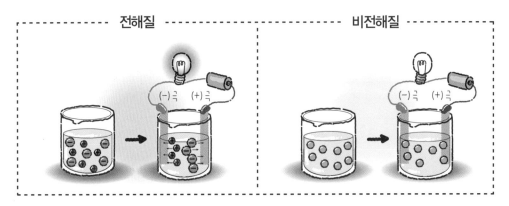

전해질에는 염화나트륨, 황산구리, 수산화나트륨 등이 있고, 비전해질에는 설탕, 녹말, 포도당 등이 있어. 전해질은 물에 녹으면 이온이 되는데, 이때 이온은 너무 작아서 눈으로는 볼 수 없지만 전류가 흐르는 것으로 보아 이온의 존재를 확인할 수 있지.

지구 표면의 약 70%(퍼센트)를 차지하는 바닷물에는 이온이 많이 숨어 있단다. 이러한 이온 중 (+)이온은 주로 지각을 구성하는 암석에서 녹아 나온 것이고, (−)이온은 해저 화산 폭발 등에 의해 (+)이온과 함께 생긴 것으로 알려져 있어. 짭짤한 소금물이 주성분인 바닷물에 가장 많이 들어 있는 이온은 뭘까? 바로 나트륨 이온(Na^+)과 염화 이온(Cl^-)이야.

바닷물에 건전지를 넣으면 상어가 접근하는 것을 막을 수 있다는 방송이 나온 적이 있어. 먹이 근처에 1.5V(볼트) 건전지를 넣었더니 상어가 접근하지 못한다는 것이지. 바닷물에 건전지를 넣으면 나트륨 이온과 같이 (+)전하를 띤 이온은 (−)극으로 이동하고, 염화 이온과 같이 (−)전하를 띤 이온은 (+)극으로 이동하면서 전류가 흐르게 되거든. 그러면 전류 감지 능력이 뛰어난 상어가 이를 감지하여 가까이 오지 않는다는 거야.

나트륨 조각과 염소 기체가 만나면?

초록색 염소 기체가 들어 있는 그릇에 금속 나트륨 조각을 넣고 물을 한 방울 떨어뜨리면 폭발적으로 반응하여 흰색 고체가 생기게 돼. 이 고체가 바로 소금, 즉 염화나트륨이란다.

02. 물속에서의 이온화 중3

소금이 녹아 눈에 보이지 않는 이유

소금은 왜 물에 잘 녹는 걸까?

소금이라고 부르는 염화나트륨($NaCl$)은 나트륨 이온($Na+$)과 염화 이온(Cl^-)이 규칙적으로 쌓여 만들어진 물질이잖아.

이 (+)전기를 띤 이온과 (−)전기를 띤 이온 사이에는 인력이 작용하기 때문에 단단한 결정을 이루고 있는 거지.

그런데 물에 소금을 넣으면 물 분자가 Na^+(나트륨 이온)과 Cl^-(염화 이온)을 둘러싸서 덩어리로부터 떼어 내는 거야. 시간이 충분히 지나면 용액 속으로 골고루 퍼지게 되지.

물 분자에 둘러싸여 떨어져 나온 Na^+(나트륨 이온)과 Cl^-(염화 이온)은 너무 작아서 우리 눈에 보이지 않아. 그래서 소금물은 투명한 거야. 이렇게 물속에서 (+)이온과 (−)이온으로 나누어지는 과정을 **이온화**라고 해.

그럼 이온화 과정을 식으로 써 볼까?

$$\text{염화나트륨의 이온화 과정} : NaCl \rightarrow Na^+ + Cl^-$$

소금 이외에도 물에 잘 녹는 물질인 수산화나트륨($NaOH$) 등도 전기를 띤 입자로 이루어져 있어.

수산화나트륨($NaOH$)은 나트륨 이온(Na^+)과 수산화 이온(OH^-)이 모여서 만들어진 물질이니까 물에 녹으면 Na^+(나트륨 이온)과 OH^-(수산화 이온)으로 이온화되는 거야.

$$\text{수산화나트륨의 이온화 과정} : NaOH \rightarrow Na^+ + OH^-$$

이때 전해질이 녹아 있는 용액 속에 들어 있는 (+)이온이 띠는 (+)전기의 양과 (−)이온이 띠는 (−)전기의 양이 서로 같으므로 용액은 전기적으로 중성이란다.

이온 음료의 비밀

우리 몸속의 체액에는 나트륨 이온(Na^+), 칼륨 이온(K^+), 칼슘 이온(Ca^{2+}), 마그네슘 이온(Mg^{2+}), 염화 이온(Cl^-) 등이 들어 있단다.

그런데 사람이 땀을 흘리면 물과 함께 이러한 이온들이 몸 밖으로 빠져나가. 이때 이온 음료를 마시면 배출된 이온들이 농도 조절 없이 체액과 바로 섞이게 돼. 그래서 이온 음료가 갈증을 빨리 해소시켜 주는 거란다.

03. 앙금 반응 중3

하얀색 이온 앙금

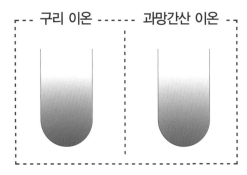

구리 이온 ····· 과망간산 이온

옆의 그림에서 보는 것처럼 구리 이온(Cu^{2+})이나 과망간산 이온(MnO_4^-)처럼 푸른색이나 자주색을 띠는 이온도 있지만, 대부분의 이온은 나트륨 이온(Na^+)과 염화 이온(Cl^-)처럼 색깔이 없어 확인하기가 어렵단다. 하지만 이런 이온을 확인할 수 있는 방법이 있으니 걱정 마.

그 방법의 정체는 바로 앙금이야. **앙금**이란 (+)이온과 (−)이온으로 이루어져 있지만 물에 잘 녹지 않는 물질을 말해.

예를 들어 염화나트륨(NaCl)을 물에 녹이면 나트륨 이온(Na^+)과 염화 이온(Cl^-)으로 나누어지고, 질산은($AgNO_3$)을 물

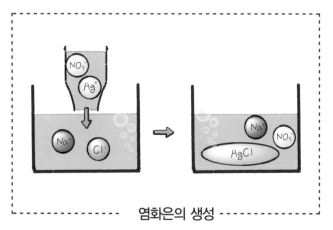

염화은의 생성

에 녹이면 은 이온(Ag^+)과 질산 이온(NO_3^-)으로 나누어져.

그런데 투명했던 두 용액을 반응시키면 뿌옇게 흐려지면서 아주 작은 가루가 가라앉게 되지. 바로 은 이온(Ag^+)과 염화 이온(Cl^-)이 결합하여 물에 녹지 않는 흰색 앙금인 염화은($AgCl$)이 생성됐기 때문이란다. 그리고 나트륨 이온(Na^+)과 질산 이온(NO_3^-)은 계속 물에 녹아 이온 상태로 존재하게 돼. 사실 이 반응에서 나트륨 이온(Na^+)와 질산 이온(NO_3^-)은 구경꾼이므로 실제 앙금을 만드는데 참여한 이온만으로 알짜 이온 반응식을 쓰면 다음과 같단다.

> 알짜 이온 반응식 : $Ag^+ + Cl^- \rightarrow AgCl(\downarrow)$

또 다른 앙금이 만들어지는 방법이 있어. 투명한 탄산나트륨(Na_2CO_3) 수용액과 투명한 염화칼슘($CaCl_2$) 수용액을 반응시키면 칼슘 이온(Ca^{2+})과 탄산 이온(CO_3^{2-})이 결합하여 흰색 앙금인 탄산칼슘($CaCO_3$)을 만들어 역시 뿌옇게 흐려지게 되지. 그리고 나트륨 이온(Na^+)과 염화 이온(Cl^-)은 물속에 그대로 녹아 있게 되는 거야.

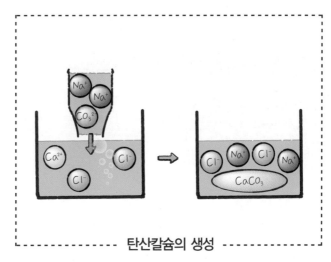

탄산칼슘의 생성

이 앙금 반응의 알짜 이온 반응식은 다음과 같단다.

> 알짜 이온 반응식 : $Ca^{2+} + CO_3^{2-} \rightarrow CaCO_3(\downarrow)$

이런 앙금 생성 반응을 이용하면 수용액 안에 들어 있는 이온의 존재를 확인할 수 있어. 예를 들어 어떤 이온이 녹아 있는지 모르는 용액에 칼슘 이온이 들어 있는 용액을 넣었더니 하얀색 앙금이 생기면서 뿌옇게 흐려졌다면 처음 용액에는 탄산 이온(CO_3^{2-})이 들어 있다는 것을 알아낼 수 있지.

수돗물이 뿌옇게 흐려진다면?

수돗물에 질산은(AgNO₃) 수용액을 넣으면 하얀색으로 뿌옇게 흐려지게 된단다. 이것은 은 이온(Ag⁺)과 만나 앙금을 만드는 염화 이온(Cl⁻)이 수돗물 속에 들어 있다는 것을 말해 주는 거야. 그럼 수돗물 속의 염화 이온(Cl⁻)은 어디서 온 것일까? 바로 수돗물의 소독 과정에서 물에 녹아 들어간 거야.
그래서 이온이 없는 순수한 물은 전류가 통하지 않지만 이온이 녹아 있는 수돗물은 전류가 통하는 거란다.

사해의 비밀

　이스라엘에 있는 사해에 대해서 들어 본 적이 있니? 사해에서는 저절로 몸이 둥둥 뜨기 때문에 누워서 편하게 신문을 읽을 수 있을 정도라고 해.

　어떻게 그럴 수가 있을까?

　바로 사해에 녹아 있는 이온의 농도가 다른 바다에 비해 7배 정도 높기 때문이란다.

　이온의 농도가 진한 사해의 물은 밀도가 커서 사람 몸이 둥둥 떠 있을 수 있는 거지. 그리고 워낙 농도가 진하기 때문에 특수한 세균을 제외하면 해조류나 물고기 등도 살 수가 없단다. 그래서 사해(死海, Dead Sea, 죽은 바다)라는 이름이 붙은 거야.

　그렇다면 사해의 농도가 왜 진한 것일까?

　사해는 이스라엘과 요르단에 걸쳐 있는 긴 협곡에 위치해 있어. 주변의 해수면보다 400m 정도 낮은 지구 표면에서 가장 움푹 들어간 지형이야. 그러니까 주변 요르단 강에서 사해로 물이 들어오기는 하지만 주변 바다로 물이 빠져나갈 수는 없지. 사해 주변이 사막이라 비도 거의 내리지 않아. 강렬한 태양으로 인해 많은 양의 물이 증발하게 되지. 수천 년에 걸쳐 물이 흘러나가지는 못하고 계속 증발이 이루어진 결과 농도가 아주 진해진 거란다.

　사해의 물이 증발하면 녹아 있던 (+)이온과 (−)이온은 서로를 끌어당겨 입체적인 구조를 가지는 결정이 되어 물 밖으로 드러나게 되는 경우도 있단다. 그래서 사해 주변에는 새하얀 결정들이 많이 있고, 어떤 것은 소금 기둥이 되어 우뚝 서 있단다.

　그런데 요즘 이 사해가 없어질 거라는 지적이 있어. 사해의 수위가 지난 50년 동안 약 24m 낮아졌고, 수량은 $\frac{1}{3}$ 로 줄어들었다는 거야. 현재와 같은 속도라면, 50년 내에 소금밭이 되고 말 것이라는데, 참으로 안타까운 일이 아닐 수 없어.

03 생명

너희가 너무너무 귀여워하는 강아지는 어떻게 이 세상을 살아갈 수 있는 걸까?
그리고 나뭇잎은 왜 초록색이고, 나는 어떻게 생겨났을까?
이런 궁금증에 해답을 주는 분야가 바로 생명 분야야.
중학교에서는 초등학교 때 배웠던 우리 주변의 식물과 동물 그리고
우리 사람들에 대해 더 자세히 알아본단다.

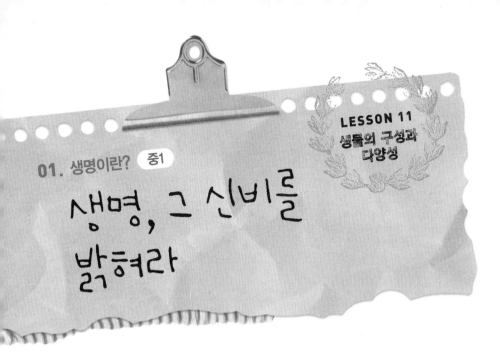

01. 생명이란? 중1

생명, 그 신비를 밝혀라

생물이란 '살아 있는 생명체'를 말해. 사람이나 개, 말, 소와 같이 자유롭게 움직일 수 있는 동물도 생물이고, 나무나 풀, 꽃처럼 움직이지 못하는 식물도 생물이야. 그럼 움직이지 못하는 돌도 생물인 거 아니냐고? 돌은 스스로 양분을 못 만들고 자신을 닮은 아기도 못 낳잖니. 그러니 당연히 생물이 아니야.

사람, 고양이, 진달래꽃 같은 대부분의 생물들은 셀 수 없이 많은 세포들로 이

생물의 특징

- 동물이든 식물이든 생명을 가지고 있는 생물은 자신의 생명을 유지하기 위해 다른 생물을 먹기도 하고, 스스로 양분을 만들어.
- 그리고 생활하면서 몸 안에서 생겨나는 필요 없는 것은 내보내지.
- 또한 자라면서 크기가 커지고 모습이 바뀌기도 해. 그리고 언젠가 자신을 닮은 자손을 만들지.

루어져 있어. 이렇게 많은 세포들이 벽돌처럼 차곡차곡 쌓여서 이루어진 생물을 **다세포 생물**이라고 하지. 사람은 무려 60조 개나 되는 세포가 있어.

단세포 생물

민물에 사는 짚신벌레나 아메바, 볼복스, 반달말 같은 생물들은 단 한 개의 세포로 이루어져 있어. 이를 **단세포 생물**이라고 하지. 단세포 생물은 너무 작아서 맨눈으로는 보기 어려워.

세포는 모양도 여러 가지야. 벽돌처럼 네모난 세포, 공처럼 동그란 세포, 실처럼 가늘고 긴 세포도 있어. 세포의 모양은 생물에 따라 다르고, 같은 생물이라도 생물의 몸 안에서 그 세포가 하는 일에 따라 모양이 다르단다. 동물과 식물을 이루는 세포의 모양이 다르고, 사람의 근육을 이루는 세포와 뼈를 이루는 세포도 각각 모양이 다르지.

그뿐인 줄 아니? 세포는 크기도 여러 가지란다. 대부분의 세포 1개는 눈으로 볼 수 없을 정도로 작지만 타조알처럼 거대한 세포도 있어. 생쥐와 코끼리는 몸집의 차이가 굉장히 크잖아. 하지만 세포 크기는 비슷하단다. 대신 몸집이 큰 코끼리의 경우는 세포의 수가 생쥐보다 훨씬 더 많아. 사람의 경우도 아기와 성인의 세포 크기는 큰 차이가 나지 않지만, 성인이 되면 세포의 수가 훨씬 더 많아진단다.

다세포 생물의 몸집이 크다고 세포의 크기도 함께 커지는 것은 아니라는 말씀.

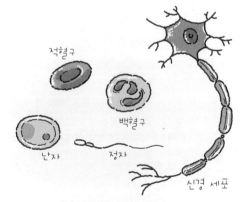

여러 가지 세포 모양

02. 세포의 관찰 중1

돋보기 두개를 겹쳐 보면 또 다른 세상이!

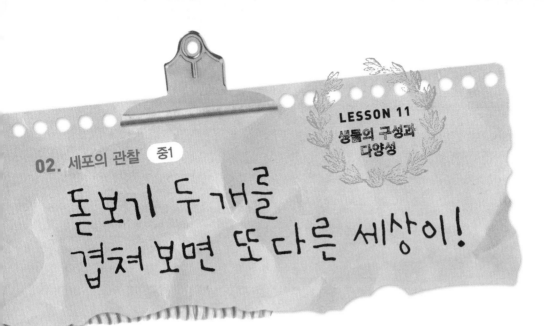

우와,
다 보인다!

접안렌즈
경통

회전판
대물렌즈
재물대
조리개

반사경

클립
조동나사

미동나사

다리

까악!

대부분의 세포들은 너무 작아서 맨눈으로는 볼 수가 없어. 그래서 세포가 어떻게 생겼나 보려면 현미경을 이용해야 해.

현미경의 원리는 아주 간단해. 바로 렌즈 두 개를 사용해서 물체를 크게 보는 거야. 두 렌즈의 배율을 곱한 것만큼 크게 볼 수 있지. 마치 신문의 글자를 돋보기 한 개로 볼 때보다 돋보기 2개를 겹쳐서 보면 더 크게 보이는 것과 같아.

우리가 흔히 사용하는 현미경은 빛이 잘 비쳐야 보이는 광학 현미경이야. 눈에 대고 보는 렌즈를 **접안렌즈**, 관찰하는 물체 쪽에 가까이 있는 렌즈를 **대물렌즈**라고 하지.

그리고 2개의 렌즈를 연결하는 관을 경통이라고 해. 경통 속은 어둡기 때문에

현미경 표본 만드는 과정

받침 유리 → 스포이드 → 덮개 유리

빛이 있어야 잘 보인단다. 그래서 현미경에는 빛이 잘 들어오도록 빛의 밝기를 조절할 수 있는 반사경과 조리개도 달려 있지.

현미경 관찰을 위해 꼭 필요한 게 또 한 가지 있어. 바로 납작하고 투명한 유리로 된 현미경 표본이야. 광학 현미경으로 물체를 확대해 보려면 반사경에서 반사된 빛이 물체를 통과해서 대물렌즈와 경통, 접안렌즈를 지나 우리 눈까지 와야 해. 그런데 관찰하고 싶은 물체를 통째로 재물대 위에 올려놓으면 빛이 통과하지 못해 제대로 관찰할 수가 없어. 그래서 관찰할 물체를 얇게 떼어 내 현미경 표본을 만들어서 관찰해야 한단다.

우리가 사진을 찍을 때 초점을 잘 맞추어 주어야 선명한 사진을 볼 수 있는 것처럼 현미경 옆에 있는 조동나사와 미동나사를 이용해 초점을 맞추어야 세포를 관찰할 수 있게 돼.

세포를 최초로 발견한 로버트 훅

1665년 영국의 과학자 로버트 훅은 자신이 만든 현미경으로 코르크(병마개로 쓰이는 나무 질감의 물체) 조각을 관찰하다가 신기한 것을 발견했어. 바로 코르크 조각이 벌집 모양의 작은 방으로 이루어져 있는 것을 본 거야. 그래서 이 작은 방을 세포(cell)라고 이름 붙였어. 하지만 이건 진짜 세포는 아니고 죽은 식물의 세포벽이었어.

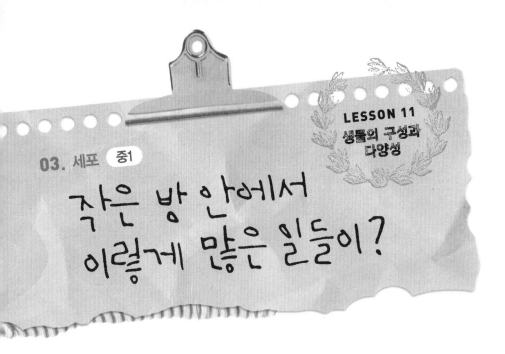

03. 세포 중1

작은 방 안에서 이렇게 많은 일들이?

이제 세포 속 모양이 어떤지 알아볼 차례야! 어떤 사람들은 세포를 '작은 바다' 라고 부를 정도로 세포 속에는 다양한 소기관이 들어 있어.

가장 중요한 부분이 세포 한가운데 자리잡고 있는 핵이야. 핵은 둥근 공 모양으로 생겼는데, 생물의 생김새, 성질, 생장, 유전 등 생물의 설계도가 들어 있어. 그래서 **핵**을 세포 생명 활동의 중심이라고 한단다. 핵은 핵막으로 둘러싸여 보호를 받고 있지.

핵을 제외한 세포의 나머지 부분은 세포질이라고 해. 세포질에는 엽록체, 미토콘드리아, 액포 같은 다양한 세포 소기관들이 들어 있어. 이렇게 중요한 세포질을 세포막이 감싸고

있단다.

엽록체

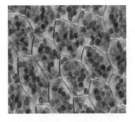

세포의 구성은 동물 세포와 식물 세포가 서로 조금씩 달라도 핵과 핵막, 세포질과 세포막이 있다는 건 모두 같아. 동물 세포는 세포벽이 없고 세포막만 가지고 있지. 식물 세포는 세포막 바깥을 두껍고 단단한 세포벽이 둘러싸고 있어. 그래서 식물은 일정한 모양을 유지하며 나무처럼 크게 자랄 수 있지. 동물 세포는 말랑말랑한 찐빵 같고, 식물 세포는 세포벽 때문에 단단한 과자 같아.

식물 세포에는 동물 세포에 없는 엽록체가 있어. 엽록체 덕분에 식물의 잎은 대부분 녹색이란다. 엽록체는 햇빛을 받아 그 빛을 이용해서 광합성을 하고 영양분을 만들어 내. 동물은 엽록체가 없어서 스스로 영양분을 만들지 못해. 그래서 다른 생물을 먹어 영양분을 얻는단다.

식물 세포에 더 발달되어 있는 거 하나 더 말해 줄까? 그건 바로 액포야. 액포는 세포가 생명 활동(양분을 흡수하고 일을 하고 노폐물을 배설하는 과정)을 하면서 생겨나는 찌꺼기, 즉 노폐물을 저장하는 곳이란다. 동물은 몸 안의 노폐물을 땀이나 오줌의 형태로 몸 밖으로 내보내지만 식물은 액포에 넣어 두지. 오래된 식물 세포일수록 액포가 크단다.

손쉽게 관찰하는 동물 세포와 식물 세포

식물 세포는 양파의 비늘잎 안쪽의 표피 세포를 떼어 내서 관찰하고, 동물 세포는 면봉으로 입안의 볼 안쪽을 가볍게 긁을 때 떨어져 나오는 상피 세포를 관찰하면 돼.

식물 세포 관찰

양파의 표피 세포

동물 세포 관찰

입안의 상피 세포

04. 생물의 구성 단계와 주변 생물의 분류 중1

집을 짓듯 생물도 차곡차곡 지어진다

식물의 구성 단계

우리가 집을 지을 때 보면 집 한 채가 뚝딱 완공되는 것이 아니라, 벽돌을 하나씩 쌓아서 벽을 만들고, 이러한 벽들이 하나씩 공간을 구분하여 방을 만들고, 많은 방들이 모여서 완전한 집이 되잖니? 그것처럼 작고 다양한 세포가 동물과 식물 같은 큰 생물체를 구성하는 데에도 순서가 있단다.

동물의 구성 단계

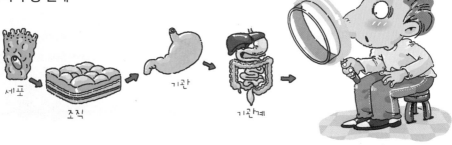

세포가 모여 조직이 되고, 조직이 모여 기관이 되고, 기관이 모여 마침내 온전한 생물체인 개체가 되거든.

세포는 몸의 어디를 이루느냐, 또한 어떠한 일을 하느냐에 따라서 다양해. 뼈를 이루는 뼈세포, 근육을 이루는 근육 세포는 생김새도 다르고 하는 일도 다르단다.

이렇게 비슷한 일을 하는 세포들끼리 모여 조직이 된단다. 뼈세포가 모이면 뼈 조직, 근육 세포가 모이면 근육 조직이라고 하는 거지.

이러한 조직들이 여러 개 모여서 함께 일을 하는 단계를 기관이라고 해. 위는 상피 조직과 근육 조직이 모여서 소화를 담당하는 기관이지. 콩닥콩닥 뛰면서 혈액을 순환시키는 심장, 호흡을 하는 폐도 기관이야.

이렇게 다양한 기관들이 모이면 결국, 온전한 생명 개체가 되지.

참, 식물은 조직과 기관 사이에 조직계라는 단계가 더 있어. 그리고 동물은 기관과 개체 사이에 기관계라는 단계가 하나 더 들어간단다.

생물은 어떻게 분류할 수 있을까?

식물과 동물은 비슷한 특징을 이용해서 분류할 수 있어.
식물의 경우는 씨(종자)로 번식(종자식물)하느냐 포자로 번식(포자식물)하느냐에 따라, 그리고 종자 식물은 씨방이 있(속씨식물)느냐 없(겉씨식물)느냐에 따라 분류할 수 있어. 동물의 경우도 단단한 척추가 있느냐(척추동물) 없느냐(무척추동물), 그리고 척추동물은 다시 새끼를 낳느냐(포유류) 알을 낳느냐에 따라 분류할 수 있단다.

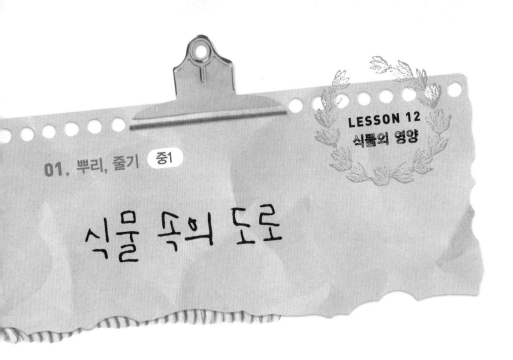

01. 뿌리, 줄기 중1

식물 속의 도로

줄기

뿌리

식물은 크게 뿌리, 줄기, 잎으로 구분할 수 있어.

식물의 뿌리와 줄기, 잎은 식물이 살아가기 위해 아주 중요한 역할을 한단다.

그중 뿌리는 식물체의 몸을 지탱해 주면서 우리 사람의 입과 같은 역할도 해. 그래서 물을 줄 때 뿌리 쪽을 향해서 물을 뿌려야 해. 뿌리가 물을 흡수하기 때문이야. 식물의 뿌리를 자세히 관찰하면, 뿌리 전체에 아주 가는 뿌리털이 나 있는 걸 볼 수 있어. 이곳에서 땅속의 물과 무기 양분을 흡수하는 거야. 무기 양분이 뭐냐 하면, 사람들이 먹는 비타민제 같은 거야. 사람은 밥 외에 몸에 활력을 주고 더 건강하게 살기 위해서 비타민제도 먹잖아. 식물의 비타민제가 바로 무기 양분이라고 생각하면 돼.

뿌리에서 흡수하는 무기 양분에는 칼륨, 철, 마그네슘, 인 등이 있어. 식물은 무기 양분이 부족하면 아픈 증상이 나타나. 칼륨이 부족하면 잘 자라지 않고, 철이나 마그네슘이 부족하면 잎이 누렇게 변한단다.

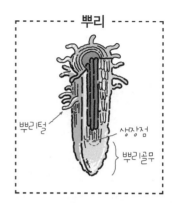
뿌리

뿌리털 / 생장점 / 뿌리골무

뿌리가 중요한 이유는 이뿐만이 아니야. 뿌리의 끝 부분에는 생장점이 있는데 이 생장점에서는 세포 분열이 왕성하게 일어나지. 그래서 뿌리가 길게 자랄 수 있어. 이것을 **길이 생장**이라고 해.

뿌리에서 흡수한 물과 무기 양분은 식물체 내의 어느 부분을 통해서 이동할까? 맞아. 바로 줄기를 통해서 필요한 곳으로 간단다.

줄기의 단면을 잘라보면, 그림과 같은 물관과 체관이 곳곳에 퍼져 있단다. 물관으로는 뿌리에서 흡수된 물과 무기 양분이 이동하고, 체관으로는 잎에서 만들어진 유기 양분(포도당)이 이동하지. 이때 물관과 체관 사이에는 형성층이 있어서 줄기가 옆으로 굵게 자라게 하는 **부피 생장**을 해.

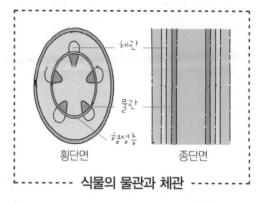
체관 / 물관 / 형성층 / 횡단면 / 종단면
식물의 물관과 체관

줄기는 우리 생활 어디에 이용될까?

줄기에서 얻은 목재를 갈아서 화학 처리를 하면 종이의 원료가 되는 펄프를 만들 수 있어. 그리고 파라고무나무의 줄기에서 나오는 흰 수액은 탄력이 있고 끈기가 강해서 고무 제조에도 사용돼. 또한 중앙아메리카에서 자라는 사포딜라나무의 수액은 가공하여 껌을 만들기도 한단다.

식물 속의 영양 공장

얘들아! 숲에 가 본 적 있니? 높다랗게 자란 나무마다 무성하게 달린 초록색의
잎을 보았을 거야. 이렇게 많은 잎들은 어떤 일을 하는 걸까? 바로 '광합성'과

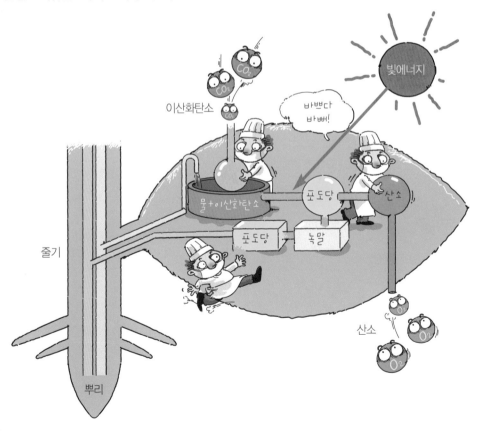

‘증산 작용’을 해.

말이 너무 어렵지? 하나씩 알아볼게. 우선 **광합성**(光광-빛, 합합-합하다, 成성-이루다) 작용은 한자어 그대로 빛을 받아서 양분을 만드는 작용이야. 사람과 같은 동물은 다른 생물을 먹어서 몸이 필요로 하는 양분을 얻지만, 나무와 같은 식물은 다른 생물을 먹지 않고도 몸이 필요로 하는 양분을 광합성을 통해서 스스로 만들어 낸단다. 그것도 식물의 잎 세포 하나하나마다 가득 들어 있는 엽록체에서 말이야.

물론 광합성을 하기 위해서 빛 외에도 필요한 것이 있어. 물과 이산화탄소야. 물은 뿌리에서 흡수되어 물관을 통해서 잎까지 전달돼. 그렇다면 이산화탄소는 어떻게 식물의 잎 안으로 들어오는 걸까? 공기 중에 있는 이산화탄소가 식물의 잎의 뒷면에 있는 공기 구멍인 ‘기공’을 통해서 들어오지. 이렇게 물과 이산화탄소를 재료로 빛에 의해서 영양분인 포도당이 만들어지는데 이때 덩달아 산소도 생겨나.

결국, 유기 양분은 식물의 곳곳에 운반되어 필요한 곳에 쓰이고, 산소는 다시 식물의 잎 뒷면의 기공을 통해서 빠져나와 우리 주변의 공기를 신선하게 해 줘.

식물의 잎은 **증산 작용**이라는 것도 해. 더운 여름날이면 사람들이 땀을 흘리잖니? 이 땀이 증발하면서 체온이 내려가지. 식물도 필요에 따라 물을 증발시킨단다. 물을 증발시켜 식물도 체온 조절을 하거든. 증산 작용이 일어나는 곳은 기공이야. 그림에서처럼 두 개의 공

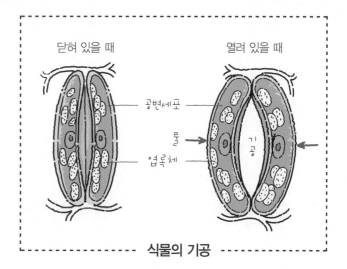

닫혀 있을 때 　　　　 열려 있을 때

공변세포

물

엽록체

기공

식물의 기공

증산 작용의 원리

변세포 사이의 빈 공간이 기공인데, 이 기공이 열려 있을 때에 증산 작용이 활발하게 일어나지. 증산 작용이 활발하게 일어날수록 물이 수증기가 되어 식물 속에서 빠져나가므로 뿌리는 더 힘차게 물을 흡수한단다. 그래서 광합성이 더 활발하게 일어날 수 있는 거고.

 식물도 호흡을 할까?

식물은 동물과는 달리 활발하게 활동하지 않기 때문에 호흡량이 많지는 않아. 하지만 식물도 호흡을 하면서 산소를 흡수하고 이산화탄소를 내놓는단다. 낮 동안에는 광합성이 활발하게 일어나면서 산소가 많이 나와서 호흡을 하지 않는 것처럼 생각되기도 해.

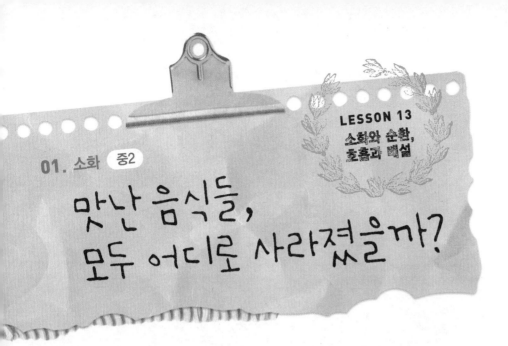

01. 소화 중2

맛난 음식들,
모두 어디로 사라졌을까?

떡볶이 좋아하니? 아님, 불고기는? 아마, 지금쯤 군침을 흘리는 친구들이 많을 거야. 사람은 몸이 필요로 하는 영양소를 얻기 위해서 음식을 매일매일 먹어야 하잖아? 그렇다면 우리가 음식을 먹자마자 음식물이 바로 우리 몸 안으로 흡수되어 들어오는 걸까? 그러기엔 음식물의 크기가 너무 커. 우리 몸이 흡수할 정도로 작은 크기로 부숴 주어야 하지. 이것을 **소화**라고 해.

우리 몸 안에서 음식물이 지나가면서 소화가 되는 곳을 **소화관**이라고 해. 음식을 먹었을 때 몸의 어디로 음식물이 지나가는지를 생각한다면 금방 소화관을 찾을 수 있지. 가장 먼저 우리가 음식을 먹는 곳은 입이야. 씹힌 음식물은 식도를 지나 위에서 소장, 대장을 거쳐 항문까지 내려가. 이 길이 바로 소화관이야.

자, 그럼 지금부터 어떤 영양소가 어떻게 소화관에서 소화되는지 하나씩 알아볼까? 참, 그전에 너희가 알아 둘 게 있어. 우리 몸이 움직이는 데 필요한 에너지를 만들어 내는 아주 중요한 3가지 영양소가 있는데 그건 바로 탄수화물, 단백질, 지방이야. 이것을 3대 영양소라고 불러. 그림 이 3대 영양소를 중심으로 소화 과정을 알아보자.

음식물의 소화 과정

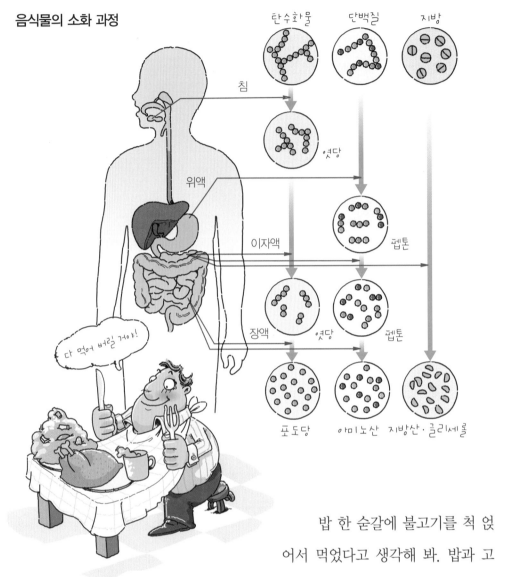

밥 한 숟갈에 불고기를 척 얹
어서 먹었다고 생각해 봐. 밥과 고
기가 입으로 들어오면, 밥에 든 녹말이 엿당이라는
작은 크기의 영양소로 분해된단다. 입안의 침 속에 들어 있는 소화 효소가 녹말을
엿당으로 분해시킨 거지. 다음으로 식도를 따라 위로 내려오면 고기에 든 단백질
만이 펩톤이라는 영양소로 분해돼. 위에서 분비되는 위액 속에는 소화 효소인 펩
신이 단백질을 펩톤이라는 작은 영양소로 분해하는 일을 해 주지.
다음 코스는 바로 소장. 이 소장은 3미터가 넘는 긴 관으로, 음식물은 이곳을 지나면서 아주 작은 영양소로 완전히 분해돼. 우선, 소장 위쪽에 있는 이자에서 분비되는 이자액이 소장으로 들어와서 음식물 속에 남아 있는 탄수화물은 엿당으로, 지방은 지방산과 글리세롤로, 단백질은 펩톤으로 마저 분해되지.

그리고 소장 자체에서 만들어진 장액이 엿당을 포도당으로, 펩톤을 아미노산으로 분해해. 결국, 소장 안에서 모든 음식물이 작은 영양소로 분해되어 우리 몸 안으로 흡수되는 거야.

소화된 영양소는 어디로?

영양소가 흡수되는 곳은 소장 벽의 융털에 있는 모세 혈관과 암죽관이야. 포도당이나 아미노산이 모세 혈관에서 흡수되고, 지방산과 글리세롤은 암죽관에서 흡수된단다.
그다음 영양소들은 우리 몸의 각각 필요한 부분으로 전달되지.

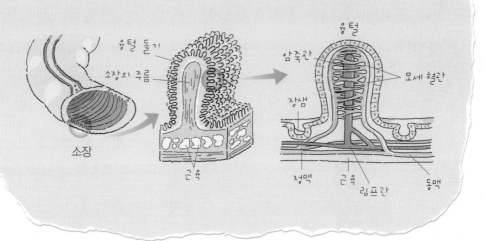

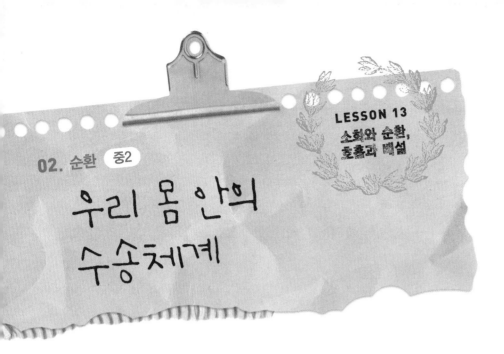

우리 몸 안의 수송체계

사람의 순환 기관

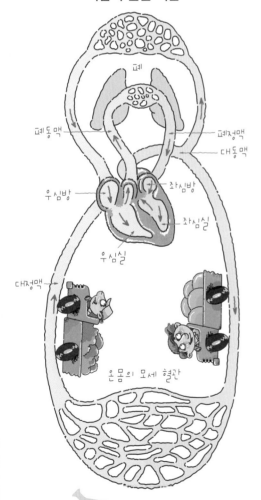

폐

폐동맥

폐정맥
대동맥

우심방

좌심방

좌심실

우심실

대정맥

온몸의 모세 혈관

우리 몸의 세포는 생명을 유지하기 위해서 필요한 물질을 계속해서 공급받아야 해. 그래서 우리 몸 안에도 도로와 트럭처럼 물질을 운반해 주는 수송 수단이 있어. 우리 몸 안의 수송 수단을 순환 기관이라고 부르지. 우리 몸 안에 퍼져 있는 혈관은 도로 역할을 하고, 혈액은 필요한 물질을 운반하는 트럭 역할을 해. 혈액이 혈관을 따라 온몸을 돌면서 필요한 물질을 세포에 전달해 준단다.

실제 우리 몸 안의 혈관을 한 줄로 이으면 지구를 무려 세 바퀴나 감을 수 있을 정도로 길어. 이렇게 긴 혈관을 따라 혈액이 계속해서 흐르려면 혈액을 밀어 주는 강한 힘이 있어야 해. 그 힘을 주는 펌프 역할을 하는 기관이 바로 심장이지. 자, 지금 왼쪽 가슴에 손을 한번 대 봐. 콩닥콩닥 뛰는 심장 박동이 느껴지지? 심장이 혈액을 내보내고 받아들이면서 신 나게 펌프 역할을 하는 움직임이야.

정말 대단한 펌프인 심장은 심방 2개와 심실 2개로 이루어져 있어. 각각의 심방과 심실에는 혈관이 달려 있고.

자, 그럼 심장을 중심으로 어떻게 혈액이 순환하게 되는지 알아보자. 우선 온몸을 돌고 대정맥을 통해 우심방으로 들어온 혈액은 우심실을 거쳐 폐동맥을 지나 폐에 퍼져 있는 모세 혈관으로 가. 이때 혈액 속의 이산화탄소는 폐로 건너가고, 폐에 많은 산소는 혈액 쪽으로 건너와. 이렇게 산소가 많은 혈액(동맥혈)은 폐정맥을 지나 좌심방으로 들어가는데, 이렇게 심장에서 폐를 도는 순환을 **폐순환**이라고 해.

좌심실로 들어온 혈액은 대동맥에서 온몸을 향해 힘차게 뻗어 나가게 된단다. 이 혈액은 온몸의 조직 세포에 퍼져 있는 모세 혈관으로 가서 조직 세포에 산소를 건네주고, 조직 세포에서 생겨난 이산화탄소를 혈액으로 받아서 다시 대정맥을 통해 우심방으로 들어가게 돼. 이렇게 온몸을 도는 순환을 **체순환**이라고 하지.

혈액 속에는?

혈액에는 산소를 운반하는 적혈구, 몸에 침투한 세균을 잡아먹는 백혈구, 상처가 났을 때 혈액을 응고시키는 혈소판이 들어 있어. 그리고 액체 물질인 혈장이 함께 섞여 있단다. 여기서 아주 중요한 사실! 혈액이 붉은 이유는 적혈구 속에 있는 헤모글로빈 때문이야. 심장은 평생 동안 단 1초도 쉬는 법이 없으니, 정말 '세상에 이런 일이'에 나올 만한 기관 아니니?

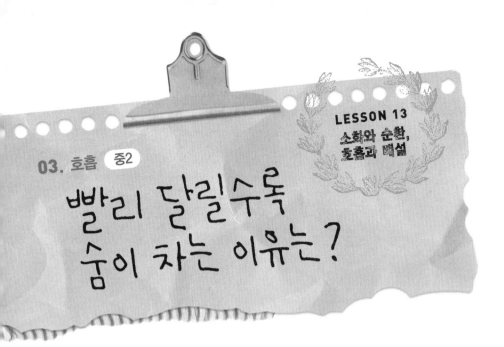

03. 호흡 중2

빨리 달릴수록 숨이 차는 이유는?

애들아, 달리기해 본 적 있지? 빨리 달릴수록 숨이 심하게 가빠 오고 더 자주 숨을 쉬어야 했잖니.

힘든 운동을 할수록 호흡이 더 빨라지는 이유는 무엇일까? 빨리 달릴수록 에너지를 더 많이 써 버리게 되고, 우리 몸은 없어진 만큼의 에너지를 다시 만들어야 하기 때문이야.

호흡이랑 에너지가 무슨 관계가 있냐고? 아주 밀접한 관계가 있지. 호흡을 통

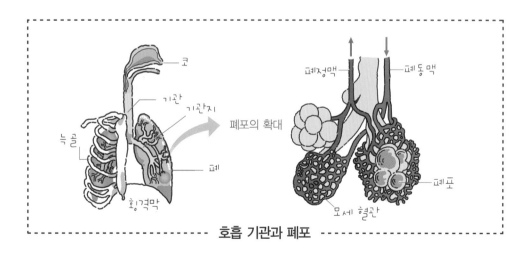

호흡 기관과 폐포

해서 우리 몸 안으로 들어온 산소가 영양소를 산화시켜서 에너지를 만들거든.

산화란 말이 어렵지? 자동차도 시동을 걸면 연료가 타면서 에너지가 생겨 달리게 되잖니. 연료가 탄다는 건 연료가 산소와 결합한다는 거야. 이게 바로 산화지.

우리 몸도 마찬가지로 영양소가 산소와 결합하는 산화를 통해 에너지가 생겨나게 돼. 결국 호흡이라는 것은 단순히 숨쉬기 운동이 아니라 에너지를 얻는 아주 중요한 작용이란 말씀.

그럼 우리 몸에서 호흡과 관련된 기관부터 살펴보자. 먼저 코를 통해서 공기가 들어오고, 들이마신 공기는 기관을 지나 기관지를 거쳐서 폐에 도달하게 돼.

이 폐는 조금 독특한 구조를 가지고 있어. 작은 포도송이 모양의 얇은 주머니인 **폐포**로 가득 차 있거든. 폐포는 아주 얇은 모세 혈관이 감싸고 있어. 폐포에 들어온 공기 중의 산소가 모세 혈관으로 건너가고, 모세 혈관 혈액 속의 이산화탄소는 폐포로 건너가. 이산화탄소는 '후~' 하고 숨을 내쉴 때에 몸 밖으로 빠져나가지.

모세 혈관 안의 혈액 속으로 건너간 산소는 폐정맥을 지나 좌심방, 좌심실, 대

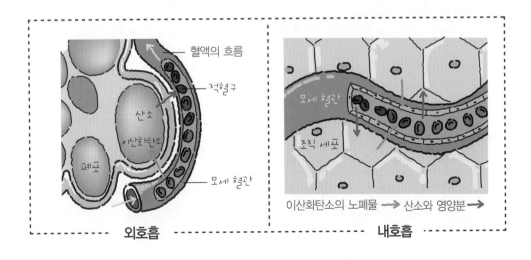

외호흡　　　　　　　　**내호흡**

동맥을 거쳐서 온몸의 조직 세포 사이사이에 퍼져 있는 모세 혈관까지 전달이 된단다.

모세 혈관 속의 혈액이 운반해 온 산소는 **조직 세포** 속으로 전달이 되고, 조직 세포는 이 산소를 이용해 세포 속에 있던 영양소를 산화시켜서 에너지를 만들어. 이때 에너지 외에도 이산화탄소가 생겨나지. 이 이산화탄소는 조직 세포에서 다시 모세 혈관 쪽으로 건너가 혈액을 통해 대정맥, 우심방, 우심실을 거쳐 폐동맥을 지나 폐포를 감싸고 있는 모세 혈관에 도달하게 돼.

달리기를 하면 이 과정이 좀 더 빨리 활발하게 일어나지. 그래서 산소를 들이마시고 이산화탄소를 내쉬는 호흡이 자주 일어나는 거란다.

가만히 보면, 산소와 이산화탄소의 교환이 폐포와 조직 세포 두 군데에서 이루어져. 폐포와 모세 혈관 사이에서 이루어지는 호흡을 **외호흡**이라고 하고, 온몸의 조직 세포와 모세 혈관 사이에서 이루어는 호흡을 **내호흡**이라고 한단다.

 에너지는 어디에 이용되는 걸까?

호흡을 통해서 얻어진 에너지의 대부분은 체온을 유지하는 데 이용돼.

에너지의 이용
1. 체온을 유지하는 데 이용한다.
2. 소리를 내는 데 이용한다.
3. 근육을 움직이는 데 이용한다.
4. 반딧불이는 빛을 내는 데 이용한다.
5. 전기뱀장어는 전기를 발생시키는 데 이용한다.
6. 성장하는 데 이용한다.

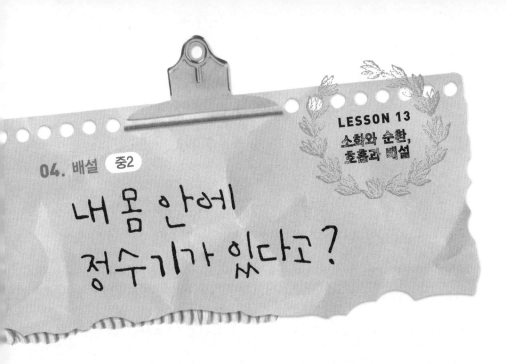

04. 배설 중2

내 몸 안에 정수기가 있다고?

생활하다 보면 많은 쓰레기가 생기잖아. 맛난 음식을 만들 때에도 재료를 다듬고 남는 쓰레기들이 생겨나지.

우리 몸도 마찬가지야. 몸 안에서 산소에 의해 영양소가 산화되면서 에너지가 만들어질 때 불필요한 찌꺼기인 노폐물도 생겨나. 이러한 노폐물은 우리 몸 안에 있을 필요가 없으니까 밖으로 내보내야 하겠지? 노폐물이 몸 밖으로 나가는 과정을 **배설**이라고 해.

에너지가 만들어질 때 생겨나는 노폐물에는 물, 이산화탄소, 암모니아가 있어. 이때 이산화탄소는 '후~' 하고 사람이 숨을 내쉴 때 몸 밖으로 빠져나가. 물은 대부분 오줌이나 땀으로 빠져나가고 일부는 이산화탄소와 함께 '후~' 하는 날숨 속에서 수증기 형태로 빠져나가지.

암모니아는 독성이 있어서 일단은 간으로 보내져. 간에서 독성이 덜한 요소라는 물질로 바뀐 다

음, 신장으로 가서 오줌이 되어 빠져나간단다.

이렇게 몸 안에서 오줌을 만들어 몸 밖으로 내보내는 기관을 **배설 기관**이라고 하지.

오줌이 만들어지는 곳은 신장이야. 콩 모양을 하고 있고, 팥 색깔을 띠어서 신장을 콩팥이라고도 부른단다. 신장에서 만들어진 오줌은 수뇨관이라는 긴 관을 통해서 방광으로 보내지고, 이 방광에서는 오줌을 저장하고 있다가 일정한 양이 차게 되면 요도를 통해서 몸 밖으로 내보내.

신장에서 오줌이 어떻게 만들어지는지 궁금하지? 그럼 신장의 구조부터 익혀야 해. 신장은 세 부분으로 나뉘는데, 가장 바깥 부분인 피질과 안쪽인 수질, 수뇨관과 연결된 신우로 나눌 수 있어. 이때 피질과 수질 부분을 확대해서 보면 보면 주머니와 사구체, 세뇨관들을 볼 수 있어.

자, 그럼 오줌이 생성되는 과정을 본격적으로 살펴보자. 신동맥에는 노폐물이

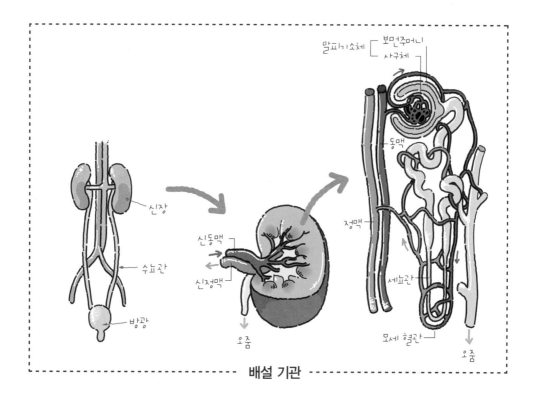

배설 기관

들어 있는 혈액이 흘러. 이 신동맥이 신장으로 들어와 가늘어지면서 모세 혈관이 되고, 이 모세 혈관이 실타래처럼 뭉쳐져서 사구체가 된단다. 이 사구체를 보먼주머니가 감싸고 있어. 노폐물이 포함된 혈액이 사구체에 오면 사구체에서 보먼주머니로 물, 요소, 포도당, 아미노산 등이 빠져나오는데, 이 작용을 여과라고 해. 이때 빠져나온 물질을 원뇨라고 하고. 여과 과정을 거치면서 거의 대부분의 요소가 걸러지지만 일부는 혈액에 남아 있어.

이 원뇨는 세뇨관으로 오게 되고, 원뇨 속의 포도당이나 아미노산은 모세 혈관으로 다시 재흡수 돼. 여과에서 다 걸러지지 못한 요소는 모세 혈관에서 세뇨관으로 빠져나오지(분비).

이렇게 여과, 재흡수, 분비의 과정을 모두 거치면 완전한 오줌이 되어서 신우로 보내지고, 수뇨관을 거쳐 방광, 요도를 통해서 배설된단다.

이제는 오줌을 눌 때도 오줌이 아주 특별하게 생각되겠지?

도핑 테스트

운동 경기에서 선수들이 경기력 향상을 위해서 약물을 복용했는지를 확인하는 검사를 도핑 테스트라고 해. 경기가 끝난 후에 검사 대상이 되는 선수로부터 약 80mL(밀리리터)의 소변을 채취해. 그 소변을 분석해서 금지 약물을 사용했는지를 알아내지.

01. 자극 중3

음악 듣고,
콘서트 보고

콘서트장에 가 본 적 있니? 많은 사람들이 모여 가수의 노래와 춤을 보면서 함께 열광하잖아.

가수의 노랫소리나 춤추는 모습처럼 우리 활동에 영향을 주는 외부 환경이나 변화를 **자극**이라고 해. 이러한 자극을 받아들여서 듣고, 보는 것을 **감각**이라고 하지.

우리가 느끼는 감각에는 눈으로 보는 **시각**, 소리를 듣는 **청각**, 맛을 느끼는

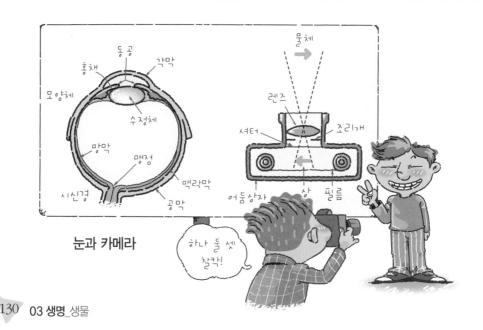

눈과 카메라

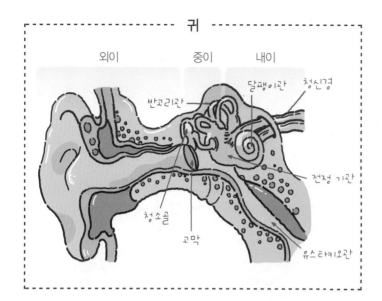

귀

외이　　중이　　내이

달팽이관　청신경
반고리관
전정 기관
청소골
고막
유스타키오관

미각, 냄새를 맡는 후각, 피부로 느끼는 촉각이 있어.

시각은 사람의 눈을 통해 빛을 받아들이면서 느끼게 돼. 사람의 눈 구조는 사진기와 비슷하지. 사진기에서 렌즈를 통과한 빛이 필름에 맺혀서 사진이 찍히는 것처럼, 수정체를 통과한 빛이 망막에 맺히면서 망막에 있는 시세포를 자극하고 시신경을 통해 대뇌까지 전달되어 비로소 우리가 물체를 볼 수 있는 거야.

소리는 어떻게 들을까? 주변에서 큰 소음이 날 때 우리는 흔히 귀를 막잖아. 그러면 한결 소음이 줄어들지. 그것은 보통 소리는 공기의 진동으로 귀에 전해지는데, 귀를 막게 되면 전달이 약해지기 때문이야.

소리는 공기의 진동이야. 공기의 진동이 귓구멍을 지나 고막을 진동시키고, 다시 청소골을 지나 달팽이관을 지나 청신경을 통해 대뇌까지 전달되면서 우리는 비로소 소리를 듣게 되지. 귀에는 평형 감각 기관인 반고리관과 전정 기관이 있어 몸의 회전과 기울어짐도 느끼게 해 준단다.

맛은 혀를 통해서 느끼지. 혀의 표

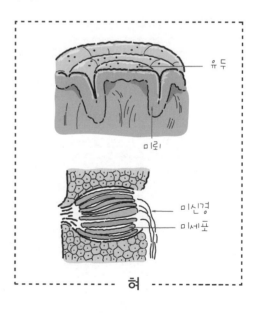

유두

미뢰

미신경
미세포

혀

131

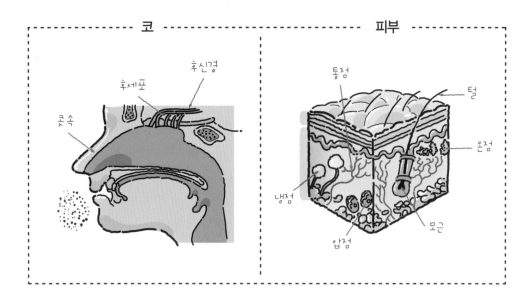

면에는 유두라는 돌기가 많고, 이 유두의 옆면에는 맛을 느끼는 미세포가 모인 미뢰가 있어. 액체 상태의 물질이 미뢰에 있는 미세포를 자극하면 미신경에서 대뇌로 자극이 전달되어 맛을 느끼게 되지.

코에서 냄새를 맡을 수 있는 것은 후세포 덕분이야. 코의 윗부분에 후세포가 모여 있는데 기체 상태의 물질이 후세포를 자극하면 후신경을 통해 자극이 대뇌로 전달되어 후각을 느끼게 돼.

목욕할 때 우리는 목욕물이 뜨거운지 차가운지를 손을 넣어 보고 알아채. 피부에는 냉점과 온점이 있어 피부를 통해서 온도 변화를 느낄 수 있기 때문이야. 또한 피부에는 접촉을 느끼는 촉각점, 누르는 것을 느끼는 압점, 아픈 것을 느끼는 통점도 있어. 이렇게 다양한 감각점이 분포되어 있기 때문에 피부를 통해 여러 가지 감각을 느낄 수 있지.

앞에서 말한 모든 감각은 코나 눈, 귀, 피부가 느끼는 게 아니야. 자극을 받은 후 그 신호가 대뇌까지 전달되어야 비로소 우리가 느끼게 된단다.

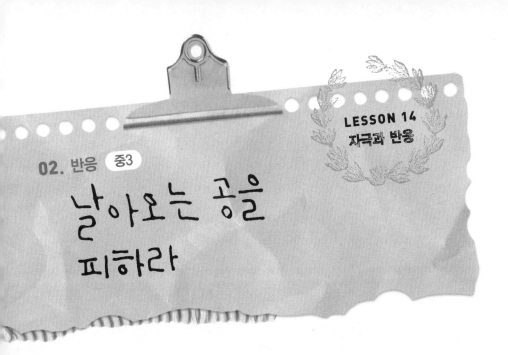

02. 반응 중3

날아오는 공을 피하라

혹시 피구 좋아하니? 피구공이 날아오면 우리는 순간적으로 피하게 되잖니.

이것은 우리가 공이 날아오는 것을 시각으로 느끼고, 그 감각이 대

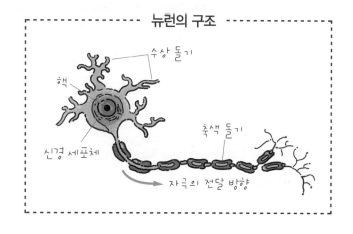

뉴런의 구조

수상 돌기

핵

축색 돌기

신경 세포체

자극의 전달 방향

뇌에 전달되면서 공을 피하는 반응이 일어나기 때문이야.

공이 날아오는 것을 느낀 순간, 운동을 하게끔 자극을 전달하는 일을 하는 기관이 꼭 필요한데, 그 일을 하는 게 바로 **신경계**야. 신경계는 뉴런이라고 하는 기본 단위로 구성되어 있고, **뉴런**은 신경 세포체와 신경 돌기로 이루어져 있어. 이 신경 돌기로는 다른 뉴런으로부터 자극을 받아들이는 수상 돌기와 받은 자극을 전달하고, 다른 뉴런으로 자극을 전달하는 축색 돌기가 있단다.

뉴런은 종류도 다양해. 감각 뉴런, 연합 뉴런, 운동 뉴런이 있거든. 이러한 뉴런

들이 연결되면서 자극을 전달해.

자극이 전달되어서 반응이 일어나기까지의 과정을 잘 알아볼까?

공이 날아오는 모습이라는 자극을 감각 기관인 눈에서 느끼고, 이 자극은 감각 뉴런을 지나 연합 뉴런에 도달해. 연합 뉴런이 분포해 있는 뇌는 이 자극을 판단하여 명령을 내리고, 이 명령이 운동 뉴런을 통해 근육으로 가면 피하는 반응이 나타나지.

어때 자극을 받고 반응이 나타나는 과정에서 신경계의 활약이 크지?

신경계는 중추 신경계와 말초 신경계로 나뉜단다. 중추 신경계는 뇌와 척수로 이루어져 있는데, 여러 가지 반응을 조절하고 통일된 행동을 하도록 명령하는 중심부라고 할 수 있어.

반면에 말초 신경계는 중추 신경계의 명령을 받아 수행하는 역할을 하는데 감각 신경과 운동 신경으로 이루어져 있단다.

사람이 자극을 받았을 때 대뇌가 판단하는 의식적인 반응과 의식과 관계없이 일어나는 반사가 있단다. 우리는 신호등 앞에서 빨간 불일 때에는 서서 기다리다가 파란 불이 켜지면 길을 건너지? 그건 대뇌가 상황을 판단하고 명령한 행동을 하는 의식적인 반응이야.

이와 달리 뜨거운 것이 몸에 닿아 순간적으로 몸을 움츠리는 것은 상황을 판단하거나 명령을 거치지 않고 무의식적으로 반응이 일어난 거야. 이러한 반응을 무조건 반사라고 한단다. 무조건 반사는 대뇌를

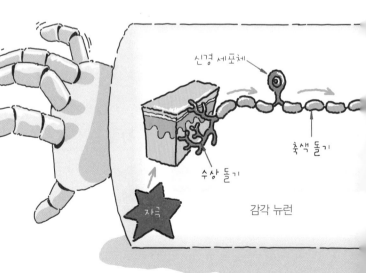

신경 세포체

축색 돌기

수상 돌기

자극

감각 뉴런

거치지 않고 일어나기 때문에 반응 속도가 빨라. 이런 무조건 반사 덕분에 위험한 상황에 빨리 대처할 수 있게 되는 거야. 그런데 반사에는 조건 반사도 있어. 레몬을 보면 입에 침이 저절로 고이는 것처럼 과거의 경험이 조건이 되어 일어나는 후천적인 반사는 조건 반사라고 해.

신경계에 영향을 주는 약물

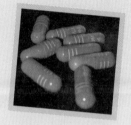

우리가 병을 치료하거나 예방하기 위해 먹는 물질을 약물이라고 해. 이러한 약물은 몸의 상태에 따라 정확하게 처방되어 사용해야 좋은 효과를 보는 거야.

그런데 요즘 우리 친구들을 보면 몸이 조금만 아파도 약을 함부로 먹는 것 같아. 우리가 먹고 마시는 약 중에는 신경계에 작용하는 약물이 들어 있는 경우가 많단다. 그래서, 약을 잘못 먹으면 우리 몸에 치명적인 피해를 줄 수 있어. 그러니까 몸이 조금 아프다고 해서 마음대로 약을 먹거나 하면 안 돼. 꼭 전문가에게 처방받아서 복용해야 된다는 사실 잊지 마!

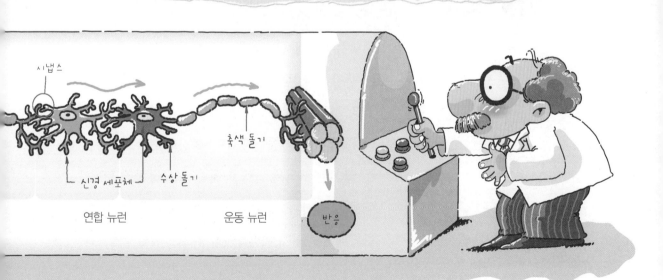

시냅스

신경 세포체

수상 돌기

축색 돌기

연합 뉴런

운동 뉴런

반응

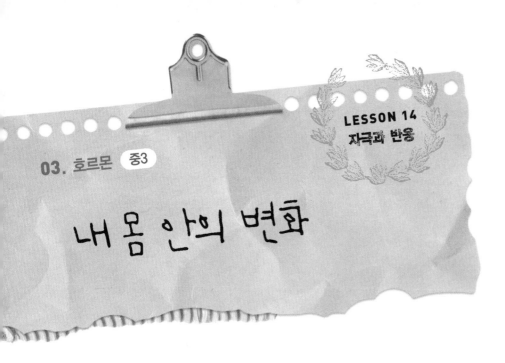

03. 호르몬 중3

내 몸 안의 변화

누구나 사춘기가 되면 얼굴에 크고 작은 여드름이 생겨나서 속상해 하곤 해. 도대체 여드름은 왜 나는 걸까! 여드름이 나는 이유는 여러 가지이지만, 특히 호르몬의 영향이 커.

호르몬은 우리 몸의 기능을 조절하는 화학 물질로 내분비샘에서 분비돼. 우리 몸 안에 있는 **내분비샘**의 종류는 아주 많아. 대표적으로 뇌하수체, 갑상선, 부신, 이자, 난소, 정소 등이 있어.

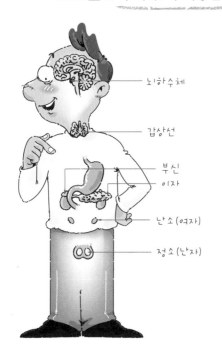

뇌하수체

갑상선

부신
이자

난소 (여자)

정소 (남자)

뇌하수체에서는 뼈나 근육의 발육을 촉진시키는 생장 호르몬이 분비돼. 갑상선에서는 몸이 필요로 하는 물질을 흡수하고 합성하면서 찌꺼기는 배출시키는 물질대사를 촉진하는 티록신이 분비되지. 부신은 혈액 속에 든 포도당량인 혈당량을 증가시키고, 심장 박동을 빠르게 해 주는 아드레날린을 분비해. 이자에서는 혈당량을 감소시키는 인슐린이 분비되지.

청소년기에는 난소나 정소와 같은 생식선에서 성호르몬이 활발하게 분비된단다. 남자의 정소에서는 테스토스테론이라는 남성 호르몬이 분비되어 체격이 커지고, 목소리가 굵어져. 여자의 난소에서는 에스트로겐이라는 여성 호르몬이 분비되어 가슴이 커지고, 곡선미 있는 체형을 갖게 되며 월경도 나타나게 돼.

이렇게 하는 일이 많은 호르몬의 생산이 결핍되거나 과다한 경우, 우리 몸에는 여러 가지 질병이 나타나. 생장 호르몬이 결핍되면 키가 아주 작은 소인증이, 과다하면 지나치게 큰 거인증이나 말단 비대증이 생기지. 말단 비대증은 성장 호르몬이 과잉 분비되어 신체 끝 부분의 뼈가 과도하게 자라 손, 발, 코, 턱 등이 비대해지는 병이야.

티록신이 결핍되면 갑상선 기능 저하증이라는 크레틴병에 걸리게 되고, 과다하면 갑상선 기능 항진증이라는 바제도병에 걸리게 된단다. 어릴 때 크레틴병에 걸리게 되면 신체 발육이 더디고, 정신 발달 장애가 생기기도 해. 인슐린이 결핍되면 당뇨병에 걸리고, 인슐린이 과다하면 저혈당증이 온단다.

이처럼 호르몬은 우리 몸에서 아주 중요한 작용을 한다는 사실 잊지 마.

김, 미역을 많이 먹자!

사람의 몸에서 가장 큰 분비샘인 갑상선에서 분비되는 호르몬인 티록신은 우리 몸 안의 거의 모든 세포에 영향을 준단다. 티록신이 많이 분비되면 신경이 예민해지고, 잠을 잘 못 자는 불면증에 걸리지. 반면에 티록신이 적게 분비되면 쉽게 피로해지고, 기억력이 감소하는 이상 증상이 나타난단다. 따라서 티록신의 원료가 되는 요오드가 풍부하게 들어 있는 미역이나 김 등을 자주 먹는 것이 좋아.

01. 세포 분열 중3

어? 자꾸 늘어나네

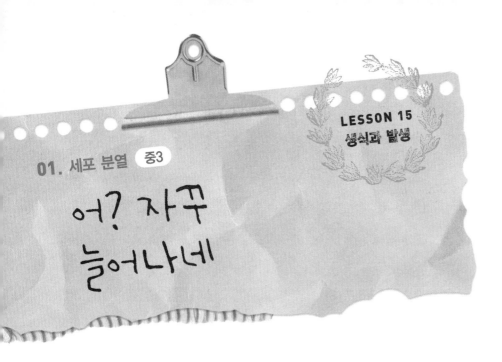

사진첩을 뒤적이다 보면 아기 때 내 모습을 볼 수 있잖아. 지금의 내 모습과는 많이 다르지. 몸집도 작고 손도 발도 너무 작아. 지금까지 몸무게와 키, 손과 발이 계속 생장해 왔기 때문이야.

식물도 씨를 심으면 싹이 터서 어린 식물이 되고, 계속해서 자란단다. 이렇게 어린 개체가 자라는 현상을 **생장**이라고 해.

식물의 생장은 뿌리나 줄기 끝의 생장점에서 일어나. 이곳에서 세포 분열이 활발하게 일어나면서 세포의 수가 자꾸만 늘어나게 되어 생장하지.

세포질
만입

세포판
형성

식물 세포

동물 세포

체세포 분열

동물은 식물과는 다르게 세포 분열이 몸 전체에서 일어나. 어릴 때에는 생장 속도가 빠르지만, 어느 정도 자라면 생장이 중지되지.

자, 그럼 우리 몸이 생장하기 위해서 몸을 구성하는 체세포가 어떤 과정으로 늘어나는지 조금 더 알아보자.

체세포는 분열을 해서 늘어나. 분열을 할 때는 세포 속 핵이 분열하여 둘로 나뉘는 핵분열이 먼저 일어나지. 이어서 세포질이 나뉘는 세포질 분열이 일어나고. 동물 세포는 세포막이 세포질의 바깥쪽에서 안쪽으로 오므라들면서 분열되지만, 식물 세포는 세포의 중앙에서부터 밖으로 세포판이 만들어져 2개의 세포로 분리된단다. 이러한 **체세포 분열**이 반복되면서 세포의 수가 늘어나고 생물의 몸은 성장하는 거야.

여러 가지 세포 중에 동물의 난자나 정자, 식물의 난세포나 화분과 같이 자손을 만들어 내는 세포들도 있어. 이러한 세포를 **생식 세포**라고 해.

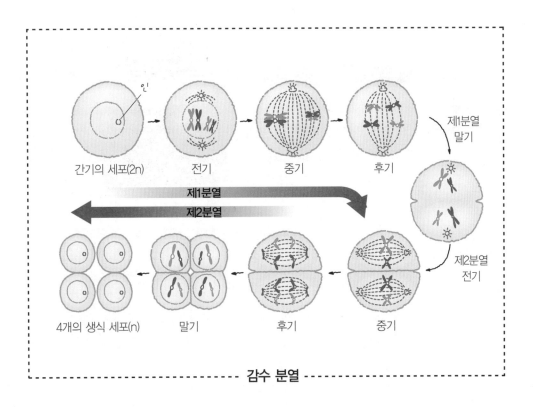

생식 세포 역시 세포 분열을 통해서 새롭게 만들어지는데 체세포 분열과는 다르게 만들어진단다.

생식 세포의 분열은 제1분열과 제2분열이 연속으로 일어나서 염색체 수가 체세포에 비해 반으로 줄어든 세포를 만들어 내. 생식 세포 분열은 염색체 수가 반으로 줄어든다고 해서 **감수 분열**이라고도 불러. 감수 분열을 하는 이유는 이렇게 해야만 암수의 생식 세포가 결합하여 새로운 개체를 만들 때 그 어버이와 같은 수의 염색체를 가지게 되기 때문이야.

염색체란?

염색체에는 세포의 활동을 조절하고 생물의 구조와 기능을 나타내는 유전 물질인 DNA가 들어 있어. 따라서 생물의 종류에 따라 염색체의 모양과 크기가 다르단다. 예를 들어 사람의 염색체와 코알라의 염색체 종류는 다르단다. 사람은 46개의 염색체를 가지고 있고, 코알라는 사람과는 다른 종류의 염색체를 16개 가지고 있어. 그런데 침팬지와 감자는 염색체의 수가 모두 48개로 같단다. 하지만 그 염색체의 모양과 크기는 다르지.

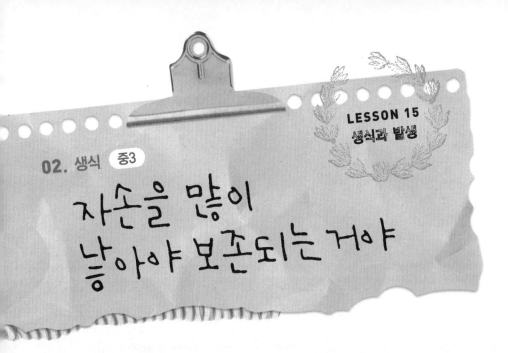

02. 생식 중3

자손을 많이 낳아야 보존되는 거야

생물이 가진 가장 중요한 특징 중의 하나는 바로 자신과 닮은 자손을 만드는 거야. 생물은 일정한 기간 동안만 살다가 죽게 되지만, 자신과 닮은 자손을 낳기 때문에 그 종족이 영원히 유지되지. 이처럼 생물이 종족을 유지하기 위해서 각자 독특한 방법으로 자손을 만드는 과정을 **생식**이라고 해.

주변의 생물들을 보면 대부분 암수가 구분되어 있고 암수가 짝을 지어 자손을 만들어. 사람도 여자와 남자가 결혼해서 아기를 낳잖아. 이처럼 암수가 구별되는 생물에서 암수 배우자가 새로운 개체를 만드는 생식을 **유성 생식**이라고 해.

그런데 몸의 구조가 아주 간단한 작은 생물은 암수의 구별이 없거나 암수가 있어도 정자나 난자와 같은 생식 세포를 만들지 않고 새로운 개체를 만들기도 해. 이것을 **무성 생식**이라고 한단다. 무성 생식 방법으로는 이분법, 출아법, 포자법, 영양 생식법 등이 있어.

이분법은 말 그대로 어미의 몸이 둘로 갈라져서 새로운 개체를 만드는 방법이야. 세균이나 아메바, 유글레나, 짚신벌레 등이 이분법으로 번식을 하지. 그리고 히드라나 효모 같은 것들은 몸에서 혹 같은 돌기가 돋아나 자란 후 떨어져 새로운

히드라

효모

개체가 되는 출아법으로 번식하고, 곰팡이나 고사리는 포자를 만들어서 번식을 하지.

개나리나 고구마는 그 줄기를 잘라서 심으면 줄기에서 뿌리와 잎이 나와서 새로운 개체가 돼. 이와 같이 뿌리, 줄기, 잎 등 영양 기관의 일부가 새로운 개체로 번식하는 방법을 영양 생식법이라고 해.

무성 생식을 하면 짧은 기간 동안 한꺼번에 많은 개체를 만들 수 있단다.

사람의 생식 기관

사람은 사춘기가 되면 신체에 큰 변화들이 생겨. 외모뿐만 아니라 생식 기관도 성숙하면서 남자의 생식 기관에서는 생식 세포인 정자를, 여자의 생식 기관에서는 생식 세포인 난자를 만들어 낸단다.

여성의 생식 기관은 남성의 생식 기관에 비해 훨씬 복잡해. 여성의 생식 기관은 정자와 난자가 만나서 수정되는 것을 도와주고, 수정이 된 후에 태아가 완전한 개체로 태어날 때까지 보호하고 기르는 일을 하기 때문이란다. 그러니 우리 몸을 소중히 여겨야 해.

유성 생식은 암수 구분이 있는 생식 세포가 만나서 수정하여 새로운 개체를 만들다 보니 짧은 기간 동안에 많은 개체를 만들지 못해. 하지만 암수의 배우자가 가진 유전 물질이 결합하게 되어 다양한 유선석 특싱을 가진 사손이 생겨나기 때문에 환경 변화에 잘 적응해 살아남기에 유리하단다.

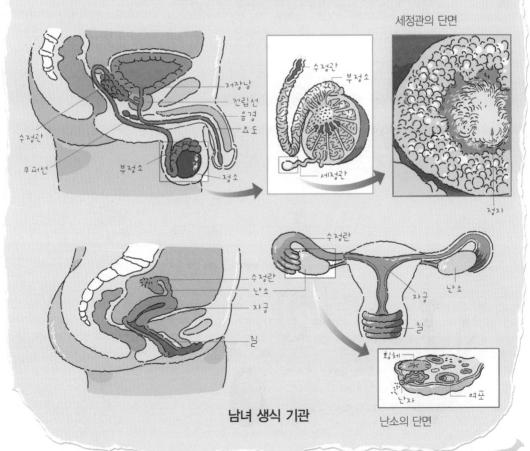

남녀 생식 기관

난소의 단면

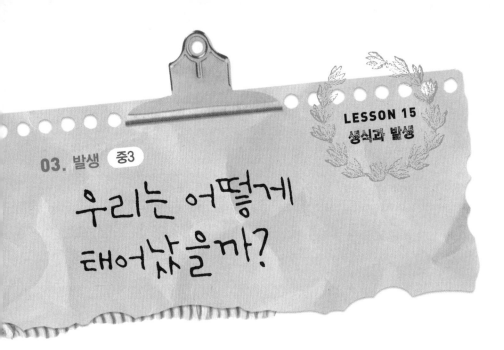

03. 발생 중3

우리는 어떻게 태어났을까?

수정된 작은 알이 나비와 같은 온전한 생명체가 되는 과정을 **발생**이라고 해. 어떻게 작은 알이 복잡한 모양의 나비로 자라는 걸까?

식물은 암술과 수술을 가지고 있어. 수술에서는 화분(꽃가루)이 만들어지는데, 이 화분이 암술머리에 달라붙는 것을 수분이라고 해. 수분이 된 화분은 긴 관 모양으로 자라서 암술대를 뚫고 밑씨에 도달하여 2개의 정핵을 전달해.

이렇게 밑씨에 전달된 2개의 정핵 중 1개는 밑씨의 난세포와 결합하여 배가 되

식물의 수정 과정

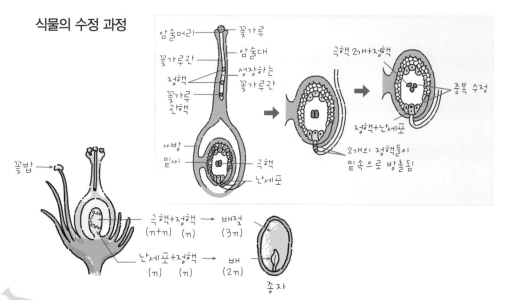

고, 다른 하나는 밑씨의 극핵과 결합하면서 배젖으로 발달하게 돼. 이렇게 결합하는 과정을 수정이라고 하지. 식물의 수정이 2번이나 일어나서 중복 수정이라고 한단다. 수정 후 밑씨가 자라서 씨가 돼. 이렇게 생긴 씨는 온도, 수분 등의 환경 조건이 알맞으면 싹이 트지. 씨 속의 배는 어린 식물로 자라고, 배젖은 어린 식물로 자라는 데 필요한 양분으로 쓰인단다.

동물은 식물과는 달리 정자와 난자가 결합하여 수정돼. 동물의 여러 정자 중에서 가장 먼저 도달한 정자가 난자의 막을 뚫고 들어가게 된단다. 이와 동시에 난자의 표면에 수정막이 생겨서 다른 정자가 들어오지 못하도록 하지. 난자 속으로 들어간 정자의 핵이 난자의 핵과 결합하여 수정이 이루어진단다.

땅 위에서 생활하는 동물의 대부분은 암컷의 몸속에서 수정이 이루어지지만, 물고기와 같이 물속에서 사는 동물은 몸 밖에서 수정이 일어난단다. 수정된 알을 수정란이라고 하는데, 수정란은 세포 분열을 거듭하면서 여러 조직과 기관을 만들고 하나의 개체가 되지.

사람의 수정 과정

수란관의 윗부분에서 수정된 수정란은 이동하면서 세포 분열을 하다가 약 7일 후에 자궁벽 속으로 들어가 자리를 잡게 되는데 이를 착상이라고 불러. 착상된 수정란은 세포 분열을 거듭하면서 다양한 조직과 기관을 만들어 태아로 자란단다. 임신 기간은 보통 수정된 날로부터 약 266일 정도야.

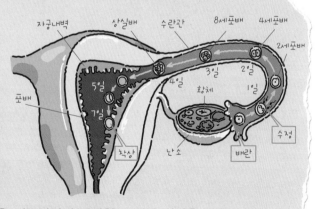

인공 피부

인공 피부는 화상을 치료하는 의사들의 오랜 꿈이었어. 그런데 최근 사람에게 이식할 수 있는 인공 피부의 임상 실험이 시작되었어. 만약에 성공한다면 심한 화상이나 그 밖의 피부 상해 치료법을 혁신적으로 바꾸게 될 거야.

보통 다른 사람의 피부를 이식하면 면역 조직이 강력하게 반발하고 거부하기 때문에 이식이 실패로 돌아가기가 쉬워. 그래서 화상을 입은 사람이나 새로운 피부가 필요한 사람은 자신의 다치지 않은 피부 조각을 잘라 내어 이식할 수밖에 없는 거야.

그렇지만 몸 전체 피부의 반 이상이 화상을 입으면 자기 몸에서 그만한 크기의 정상적인 피부를 얻을 수 없기 때문에 치료가 불가능하게 되는 거지. 그런데 인공 피부는 진짜 피부처럼 표피도 있고 진피도 갖추고 있어서 면역 작용 없이 피부 이식을 가능하게 한대.

이식할 때 말고도 인공 피부를 어디에 사용할 수 있을까? 피부에 사용하는 화장품 등의 제품이 새로 나왔을 때에도 아주 유용하게 사용할 수 있어. 즉, 신제품이 피부에 어떤 부작용이 생기게 하는지 가려내는 데 사용할 수 있는 거야. 테스트용 인공 피부는 이미 개발되어 사용하고 있단다. 비용도 많이 들고 말썽도 많은 동물 실험 대신에 인공 피부를 이용하는 편이 훨씬 효과적인 거지.

또 로봇의 매끈한 피부로도 이용했단다.

화상 치료용 인공 피부

인공 피부는 화상 환자의
상처를 빨리 덮어
추가 감염을 막고
새살이 돋도록 돕는다.
동물 피부와 사람 피부,
기타 보조 물질 등을
이용해 만든다.

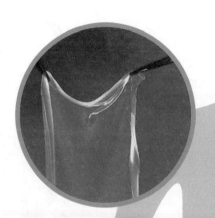

로봇팔 인공 피부

신축성 있는 인공 피부에
힘 센서를 100개 이상 넣으면
사람과 비슷한 촉감과
압력을 느낄 수 있다.
로봇 팔에 인공 피부를 붙이면
피아노 치는 로봇도 가능하다.

동물 실험 대체용 인공 피부

사람의 피부 세포를 떼어 내
배양한 뒤 면역 세포,
멜라닌, 콜라겐 등을
섞어 만든 인공 피부는
동물 대신 새 화장품의
테스트에 쓸 수 있다.
인공 피부에 자외선차단제를
바르고 햇빛을 오래 쪼이면
피부가 얼마나 상하는지
등의 실험에 이용된다.

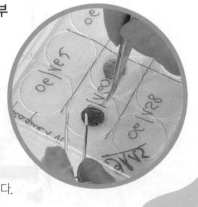

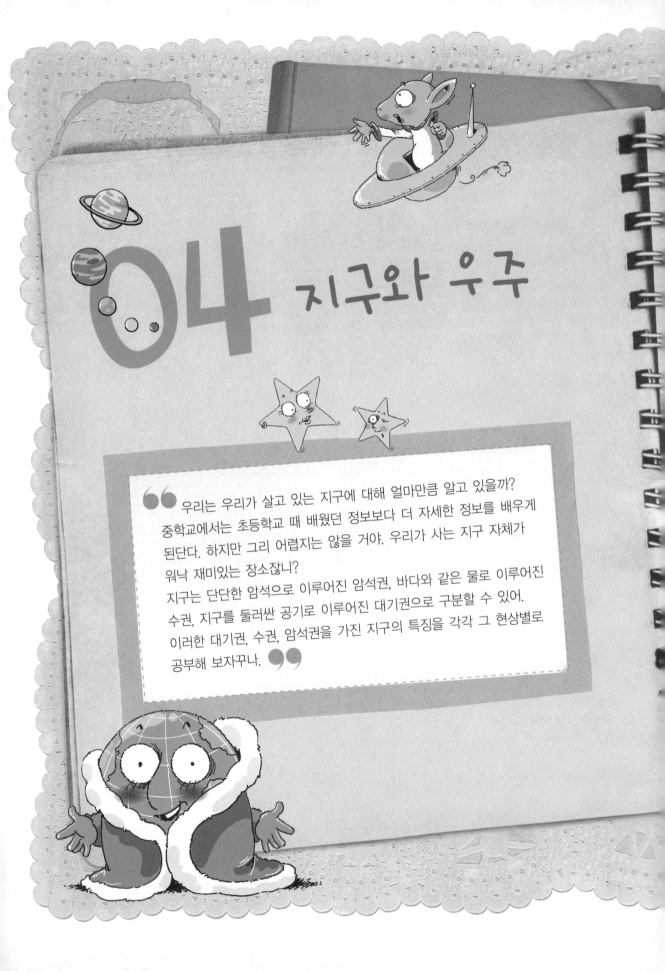

04 지구와 우주

우리는 우리가 살고 있는 지구에 대해 얼마만큼 알고 있을까? 중학교에서는 초등학교 때 배웠던 정보보다 더 자세한 정보를 배우게 된단다. 하지만 그리 어렵지는 않을 거야. 우리가 사는 지구 자체가 워낙 재미있는 장소잖니?

지구는 단단한 암석으로 이루어진 암석권, 바다와 같은 물로 이루어진 수권, 지구를 둘러싼 공기로 이루어진 대기권으로 구분할 수 있어. 이러한 대기권, 수권, 암석권을 가진 지구의 특징을 각각 그 현상별로 공부해 보자꾸나.

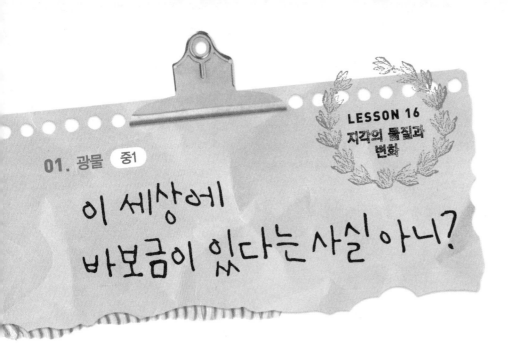

01. 광물 중1

이 세상에 바보금이 있다는 사실 아니?

암석(돌멩이) 속에는 크고 작은 알갱이가 들어 있어. 이렇게 암석 속에 들어 있는 알갱이를 광물이라고 해. 현재 지구상에 있는 광물의 종류는 3500여 종이나 돼. 이 중에서 암석 속에 특히 많이 들어 있는 광물을 주요 **조암 광물**이라고 해. 대표적인 주요 조암 광물로는 석영, 장석, 흑운모, 각섬석, 휘석, 감람석이 있어.

이렇게 다양한 광물은 각자가 가진 특성에 따라 구별할 수 있단다. 처음으로 딱 보이는 특성은 광물의 색이야. 석영과 장석처럼 밝은 색의 광물이 있는가 하면 흑운모, 각섬석, 휘석, 감람석처럼 어두운 색의 광물도 있지. 그런데 광물 중에는 색이 유독 비슷한 광물이 있어. 바로 황동석과 황철석 그리고 금이야. 이 세 가지 광물은 모두 겉에서 보기엔 똑같이 노란 황금색으로 보인단다. 그래서 색 말고 또 다른 특성이 필요해. 바로 광물을 긁어 보면 돼. 광물을 긁었을 때 나타나는 광물 가루의 색을 **조흔색**이라고 해. 황동석과 황철석, 금의 조흔색을 비교해 보면 황동석은 녹흑색, 황철석은 검은색, 금은 노란색이야. 황동석과 황철석은 언뜻 금처럼 보인다고 해서 바보금이라고도 부르지.

광물 중에는 규칙적인 겉모양을 가진 것도 있어. 이런 광물을 **결정형 광물**이라고 부르는데 석영은 육각기둥 모양을, 흑운모는 얇은 판 모양을, 방해석은 기울어진 육면체 모양을 가지고 있어서 구별하기가 쉽지.

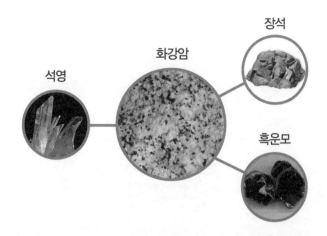

광물 중에는 힘을 가했을 때 일정한 방향을 향해 평탄한 면으로 쪼개지는 성질을 가진 것도 있고, 불규칙하게 깨지는 성질을 가진 것도 있어서 이 성질을 이용해 광물을 구별하기도 한단다.

또 손톱으로 눌러도 자국이 날 정도로 무른 광물이 있고, 동전으로 긁어도 긁히지 않는 단단한 광물도 있단다. 광물의 단단한 정도를 **굳기**라고 해. 독일의 광물학자 모스는 10가지의 표준 광물을 서로 긁어 보아 굳기를 정했는데 이것을 모스 굳기계라고 부르지. 모스 굳기계는 가장 무른 광물인 활석을 굳기 1로 정하고, 가장 단단한 광물인 금강석을 굳기 10으로 정해 두었어.

광물 중에는 자석의 성질을 띤 자철석도 있어서, 쇠붙이를 갖다 대면 달라붙는 특성도 있단다. 방해석은 묽은 염산을 떨어뜨리면 반응하여 거품이 생기기도 해. 이 모두가 광물을 구분하는 특성이 되는 거야.

모스 굳기계에 따른 표준 광물 10가지

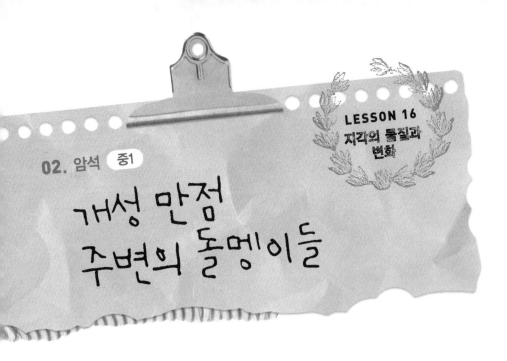

02. 암석 중1

개성 만점 주변의 돌멩이들

우리 주변의 암석은 색깔과 형태가 다 달라. 암석이 이처럼 다양한 이유는 만들어지는 과정이 다 다르기 때문이야. 실제로 암석은 만들어지는 과정에 따라서 크게 화성암, 퇴적암, 변성암의 세 종류로 나뉜단다.

화성암 이름에는 '火(화)', 즉 불이라는 말이 들어 있어. **화성암**은 이름처럼 지하 깊은 곳에서 생성된 뜨거운 마그마가 식으면서 굳어진 암석이란다. 마그마가 지하 깊은 곳에서 서서히 식어서 굳어지기도 하고, 화산 활동에 의해 지표로 분출되어서 빠르게 식어서 굳어지기도 해. 마그마가 식으며 비슷한 성분끼리 뭉치면서 결정이 생기는데, 지하 깊은 곳에서는 서서히 굳어지기 때문에 결정의 크기가 커. 지표 바깥에서는 빠르게 식기 때문에 결정이 생길 시간이 없어서 결정이 거의 없거나 작은 결정이 생겨난단다. 마그마가 식어서 굳어진 화성암 중에서 결정이 큰 암석은 **심성암**, 결정이 거의 없거나 작은 암석은 **화산암**이라고 구분해서 부르지.

퇴적암(堆퇴-흙무더기, 積적-쌓다, 岩암-바위)은 말 그대로 쌓여서 생긴 암석이야. 우리가 살고 있는 이 땅의 암석은 오랜 세월에 걸쳐서 자갈, 모래, 진흙과 같은 작은 알갱이로 부스러진단다. 이들이 흐르는 물을 따라 운반되어서 바다나 큰 호수의 밑바닥에 차곡차곡 쌓이다가 오랜 세월이 지나면서 다져지고 굳어져 암석이 되지. 이것이 바로 퇴적암이야.

퇴적암은 퇴적물이 쌓이면서 생겨나다 보니 층리와 화석이 나타난단다. 층리는 알갱이의 크기나 색이 다른 층이 여러 겹으로 쌓이면서 나타나는 줄무늬를 뜻해. 또한 퇴적물이 쌓이면서 옛날에 살았던 생물의 유해가 함께 묻히면서 그 흔적이 나타나는데 이것을 화석이라고 해. 이것은 모두 퇴적암에서 나타나는 중요한 특징이 된단다.

변성암(變변-변하다, 成성-이루다, 岩암-바위)도 역시 글자 그대로 암석의 성질이 변해서 생겨나는 새로운 암석이란다.

흙도자기가 가마에서 구워져 청자가 되는 것처럼 화성암이나 퇴적암이 지하 깊은 곳에서 높은 열과 압력을 받으면 성질이 변해서 더 단단하고 새로운 암석이 돼. 그것이 바로 변성암이지.

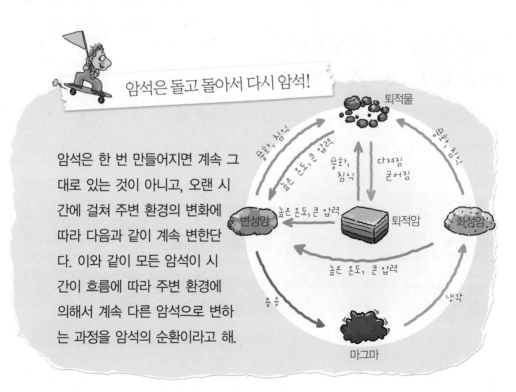

암석은 돌고 돌아서 다시 암석!

암석은 한 번 만들어지면 계속 그대로 있는 것이 아니고, 오랜 시간에 걸쳐 주변 환경의 변화에 따라 다음과 같이 계속 변한단다. 이와 같이 모든 암석이 시간이 흐름에 따라 주변 환경에 의해서 계속 다른 암석으로 변하는 과정을 암석의 순환이라고 해.

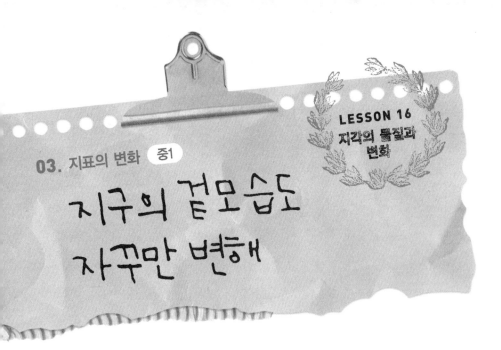

03. 지표의 변화 중1

지구의 겉모습도 자꾸만 변해

오래된 비석의 글씨를 보면 글자를 알아볼 수 없을 정도로 지워져 있잖아. 그 이유는 뭘까? 바로 비석을 만든 암석에 풍화 작용이 일어났기 때문이야.

풍화 작용이라는 말이 너무 어렵지?

암석에는 눈에 보이지 않는 틈이 있어. 이 틈새로 물이 스며들어 가는데 그 물은 오랜 세월에 걸쳐 얼었다 녹았다를 반복해. 그러면서 암석이 부서진단다. 암석을 부수는 일은 물뿐만 아니라 식물의 뿌리도 하는 일이야. 암석의 틈 사이로 식물이 뿌리를 내리면 오랜 시간이 흐른 후 암석이 부서지기도 하지. 공기 중의 산소가 암석을 부서지게도 해. 이와 같이 물, 공기, 생물 등에 의해 암석이 부서지는 현상을 **풍화**라고 해.

아주 오랜 기간 동안 풍화 작용이 계속 일어나면 어떻게 될까? 아무리 크고 단단한 암석이라도 아주 작게 부서지면서 흙이 되지. 우리는 이것을 토양이라고 해.

이렇게 토양과 암석으로 이루어진 지구 껍질을 지각이라고 하는데, 특히 육지의 지각 표면을 지표라고 해. 이 지표에서는 지표를 깎는 **침식 작용**이 일어나서 지형이 자꾸 바뀐단다. 그 깎여진 물질이 어디론가 운반되어 가는 일도 일어나. 그렇게 운반된 물질을 쌓는 **퇴적 작용**이 함께 일어나면서 지표의 모습은 자꾸 변하게 된단다.

그럼 지형을 깎는 침식 작용이 일어나는 이유는 뭘까? 답은 이미 너희도 다 아는 것들이야. 바로 흐르는 물, 파도, 지하수, 빙하, 바람이지. 그럼 그것들이 어떻게 지표의 모습을 변하게 하는지 알아볼까?

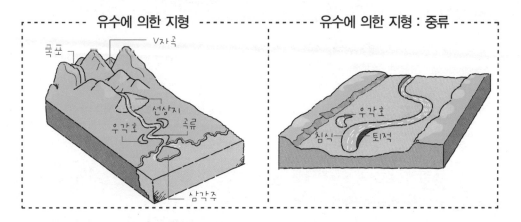

'강물은 흘러흘러 어디로 가나' 라는 동요 알지? 동요 가사에서처럼 강물은 흐르고 또 흘러 바다와 만나게 돼. 산에서부터 평야를 지나 바다까지 강물이 흐르는 동안, 물의 흐름이 센 강의 상류에서는 깎아 내는 침식 작용이 일어나 **폭포, V자 계곡**이 만들어져. 그러다가 강물이 평지에 이르면 물의 흐름이 갑자기 느려지면서 운반된 물질이 쌓여 **선상지**라는 퇴적 지형을 만든단다. 강의 중류를 흐르는 동안에는 **곡류**와 **우각호**를 만들고, 강물이 바다로 흘러 들어가는 강의 하류에서는 운반되던 물질이 쌓여 **삼각주**가 생긴단다.

또 바닷가에서는 끊임없이 밀려왔다 밀려가는 파도가 해안가 땅 보양을 변화시켜. 오랜 세월 동안 파도가 해안에 부딪히게 되면 해안 지형을 침식시켜 **해식 절**

벽과 해식 동굴과 파식 대지를 만들어. 이때, 침식된 암석 조각들은 파식 대지의 바깥쪽으로 이동하여 쌓여서 퇴적 대지가 생긴단다.

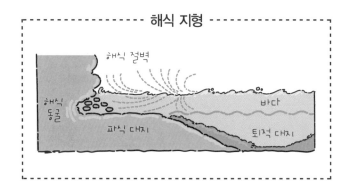

해식 지형

지하수도 지형을 변화시켜. 지하수는 강물과는 다르게 이산화탄소가 녹아 있어서 산성을 띤단다. 이러한 산성을 띠는 지하수는 땅속의 석회암을 녹여 내면서 **석회 동굴**을 만들게 되지. 그리고 석회암이 녹아 있는 지하수에서 물과 이산화탄소가 빠져나가면서 **종유석, 석순, 석주**도 만들어진단다.

지표는 빙하에 의해서도 변해. 빙하가 뭐냐고? 우리나라는 날씨가 온화한 편이기 때문에 빙하를 본 적이 없을 거야. 그러나 극지방이나 아주 높은 산에는 내린 눈이 녹지 않고 오랫동안 쌓여 있단다. 이때 쌓인 눈이 무게에 의해 다져져서 아래로 흘러내리게 되는데, 이 거대한 얼음 덩어리를 빙하라고 하는 거야. 흐르는 빙하는 공사장의 불도저처럼 산비탈을 깎아 내면서 뿔 모양의 뾰족한 산봉우리인 **혼**도 만들고, 경사가 완만한 **U자곡**도 만들게 되는 거야.

바람도 지형을 변화시켜. 바람에 의한 지형 변화는 모래로 덮여 있는 사막에서

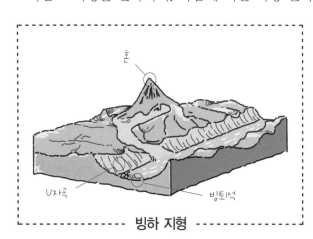

빙하 지형

잘 나타나. 모래가 바람에 날리다가 바람이 약한 곳에 쌓여서 만들어진 모래 언덕을 **사구**라고 해. 그리고 모래 바람이 암석을 깎아 내면서 버섯바위와 삼릉석도 만들어진단다.

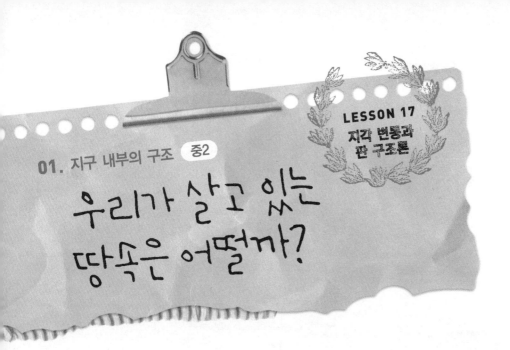

01. 지구 내부의 구조 중2

우리가 살고 있는
땅속은 어떨까?

13km밖에
못 판다고!

드넓게 펼쳐진 평야, 시원하게 흐르는 강물, 높고 낮은 산
들……. 우리가 살고 있는 지표는 이처럼 다양한 겉모습을 하
고 있어.

그렇다면 지구의 속은 어떨까? 직접 파 보면 지구의 내부
를 알 수 있어. 실제로 지구를 겉에서부터 파고 들어가면서

연구하는 방법
을 **시추법**이
라고 해. 그런데 실제로 파고 들어
갈 수 있는 깊이가 13km(킬로미터)
까지 밖에 안 돼. 지구의 반지름이
6,400km니까 시추법으로는 지구
의 껍질 정도만 안다고 할 수 있어.
그래서 지구 내부를 알기 위해 운
석을 연구하기도 하고, 화산 분출

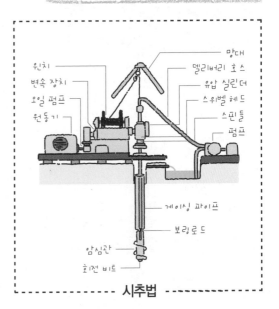

윈치
변속 장치
오일 펌프
원동기

망대
델리버리 호스
유압 실린더
스위벨 헤드
스핀들
펌프

케이싱 파이프
보링로드

암심관
회전 비트

시추법

157

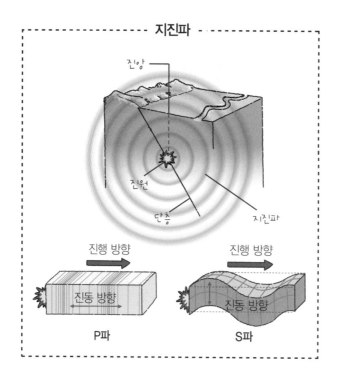

지진파

진앙

진원

단층

지진파

진행 방향

진동 방향

P파

진행 방향

진동 방향

S파

물을 연구하기도 해. 하지만, 이러한 방법으로도 지구 내부 일부만을 알 수 있지.

지구 내부 구조를 가장 효과적으로 알아낼 수 있는 방법은 지진파를 이용하는 거야. 마치 수박이 잘 익었는지 확인하기 위해서 두드려 보는 것과 같지.

지구를 어떻게 두드리냐고? 바로 지진파로 두드리는 거야. 지진이 생겨나면 흔들림이 사방으로 전달되는데, 이 흔들림이 바로 **지진파**야.

지각에서 지진이 발생했을 때 지구를 흔들어 놓는 지진파가 퍼져 나가게 되는데, 이를 연구함으로써 지구 내부 구조를 알 수 있단다.

지진파에는 **p파**와 **s파**가 있어. p파는 빠른 속력으로 고체, 액체, 기체를 모두 통과하지만, s파는 속력이 느리고 크게 움직이면서 고체만 통과한단다. 또한 지진파의 속력

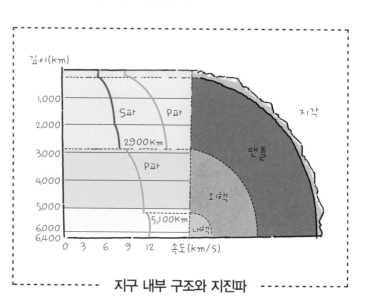

깊이(km)

1,000

2,000

3,000

4,000

5,000

6,000
6,400

S파   P파

2,900Km

P파

5,100Km

0 3 6 9 12 속도(km/s)

지각

맨틀

외핵

내핵

지구 내부 구조와 지진파

은 통과하는 물질이 바뀔 때마다 빨라지거나 느려지는 변화를 나타내. 바로 이러한 성질을 이용해서 지구 내부 구조를 알아낸 거야.

　실제로 지진파가 지구 내부를 통과하는 속력을 측정해서 그래프로 나타내면 그림과 같아. 자세히 보면 지진파가 지구 내부를 통과하다가 속력이 갑자기 변화하는 구간이 세 군데가 있는 것을 알 수 있어. 이것은 통과하는 물질이 바뀔 때마다 속력이 바뀌는 거니까, 세 군데가 속력이 변했다는 것은 물질과 물질의 경계면이 세 군데라는 뜻이야. 그러니 지구 내부는 4개의 층으로 이루어졌다고 할 수 있는 거지. 만약 지구가 4개의 층으로 나뉘지 않고 똑같은 물질로 가득 차 있었다면 지진파의 속력이 변하는 곳은 전혀 나타나지 않았겠지. 이렇게 알게 된 지구의 가장 겉 부분을 **지각**, 그 이레는 **맨틀**, 다음은 **외핵**, 가장 안쪽을 **내핵**이라고 부른단다.

　지구를 통과하는 지진파 중에서 s파는 외핵을 통과하지 못해. 고체만 통과하는 지진파가 외핵을 통과하지 못하는 것으로 보아 외핵은 액체 상태라고 추정할 수 있어.

왜 지구 끝까지 파고 들어갈 수 없을까?

지금까지 사람이 파낸 가장 깊은 지구의 구멍은 1989년 콜라 반도에서 지하 12.262km까지 파낸 거야. 지구 중심까지의 거리가 6,400km이니까 구멍은 지구의 0.2% 정도의 깊이인 셈이지. 왜 이렇게 조금밖에 못 팔까? 지구는 내부로 들어갈수록 열과 압력이 엄청나게 높아져. 그래서 시추하는 파이프가 그 이상의 깊이에서는 터져 버리기 때문이야.

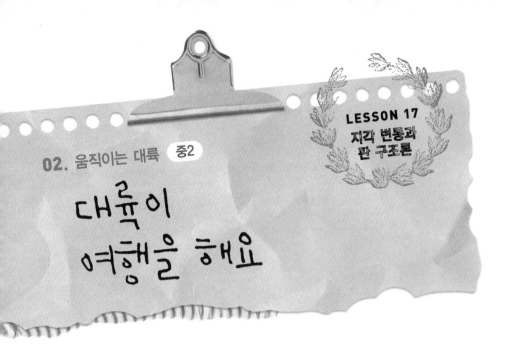

02. 움직이는 대륙 중2

대륙이 여행을 해요

베게너의 대륙 이동설

딱 맞네!

얘들아! 세계 지도 본 적 있니? 자세히 보면 신기하게도 남아메리카 대륙과 아프리카 대륙의 해안선이 퍼즐처럼 딱 들어맞는단다. 과학자들도 이 사실에 호기심을 느꼈어. 더 신기한 것은 멀리 떨어진 대륙에서 같은 종류의 화석이 발견된다는 거였어.

과학자 베게너는 이런 사실뿐만 아니라 현재 빙하의 분포와 흔적이 떨어져 있는 대륙들 간에 동일하게 발견된다는 사실을 발견했어. 게다가 현재 떨어져 있는 두 대륙의 산맥과 지질 구조가 연속적으로 연결된다는 사실도 발견했지. 베게너는 이 둘을 증거로 해서 약 3억 년 전에는 대륙이 하나로 뭉쳐져 있었고, 서서히 분리되어 이동했다고 주장했단다.

이를 **대륙 이동설**이라고 해. 그런데 대륙이 왜 움직이고 이동하는지를 밝히지 못해서 당시에는 인정받지 못했단다.

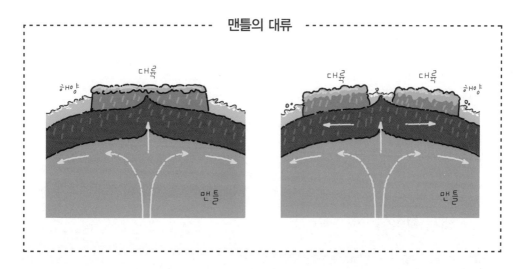

맨틀의 대류

그 후 영국의 지질학자 홈스는 지각 아래의 맨틀이 대류하면서 대륙을 움직인다고 수상했어. 그렇게 베게너의 대륙 이동설을 지지했단다. 이것을 **맨틀의 대류설**이라고 해. 조금 어렵지?

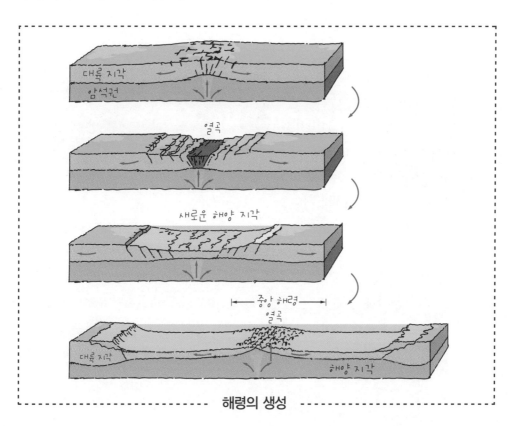

해령의 생성

지각 아래에 뜨거운 맨틀이 위쪽으로 올라와 옆으로 이동하면서 맨틀이 이동하는 방향으로 대륙도 함께 움직이게 된다는 거야. 하지만 당시에 증거를 제시할 수 없어서 맨틀 대류설도 인정받지 못했단다.

그러나 과학 기술이 발달하면서 바다 밑에 해저 산맥인 해령이 있다는 것을 발견했어. 과학자인 헤스와 디츠는 지각 아래에 있는 마그마가 위로 올라와서 식어 해령이 만들어졌고, 새로운 해양 지각이 계속해서 옆으로 넓어진다고 주장했어. 이것을 **해저 확장설**이라고 해.

이후부터 지구의 겉부분이 움직인다는 사실이 서서히 받아들여지기 시작했어.

판과 판의 경계에서는 무슨 일이?

지구의 겉부분은 여러 개의 판으로 이루어져 있어.
판의 경계면에서는 판과 판이 만나서 서로 충돌하기도 하고, 멀어지기도 해. 이때 화산 활동과 지진이 활발하게 생겨나는 거야.

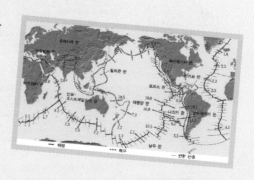

깊은 바닷속을 연구하는 기술이 더욱더 발달하면서 바다 밑 해저 지형에 관한 여러 자료들이 모아졌지. 이를 통해서 지구의 겉 부분이 여러 개의 판으로 이루어져 있고, 이 판은 맨틀 위에 떠서 움직인다는 판 구조론이 나왔어. 판 위에는 대륙이 실려 있는 셈이야. 판이 움직이면서 대륙도 함께 움직이게 되는 거지.

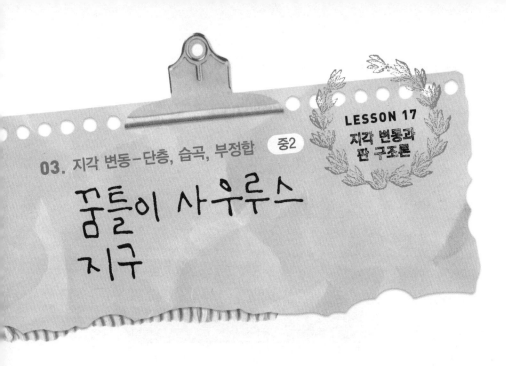

03. 지각 변동–단층, 습곡, 부정합 중2

꿈틀이 사우루스 지구

로마 인들이 기원전 3세기경에 나폴리 해안 근처에 세라피스 사원을 세웠어.

세라피스 사원의 돌기둥을 보면 6m 정도 위에 바다에 사는 조개가 뚫은 구멍과 조개껍데기가 있어. 이 사원을 지을 때 분명히 땅 위에서 지었는데 조개 구멍이 생기다니 어쩐 일일까? 간단해. 사원 지역이 바다 아래로 서서히 가라앉았다가(침강) 다시 바닷물(해수면) 위로 솟아올랐기(융기) 때문이란다.

이와 같이 지각은 오랜 세월에 걸쳐서 해수면을 기준으로 위로 서서히 솟아오르기도 하고 아래로 가라앉기도 해. 이러한 지각의 운동을 **조륙 운동**이라고 하지. 조륙 운동의 증거들은 이외에도 많단다. 우리나라의 남해안은 해안선이 매우 복잡해서 리아스식 해안이라고 하는데, 이것도 조륙 운동의 증거야. 리아스식 해안은 산과 골짜기가 발달했던 육지가 아주 서서히 침강하면서 만들어지기 때문이야.

정동진에 가 봤니? 계단 모양의 해안 단구를 볼 수 있는데, 이것은 파도에 깎이면서 생성된 해식 절벽과 파식 대지가 융기하면서 만들어진 것이란다.

조륙 운동 말고도 지각은 조산 운동을 한다.

조산 운동은 지각을 이루는 판과 판이 충돌하면서 두껍게 쌓여 있던 해양의 지층이 심하게 주름지며 솟아올라 거대한 산맥이 만들어지는 과정을 말해.

히말라야나 알프스처럼 거대한 산맥은 모두 이 조산 운동에 의해서 생겨났어. 지각은 이런 과정 속에서 오랜 세월을 보내며 변형이 된단다.

지각을 이룬 지층이 변형

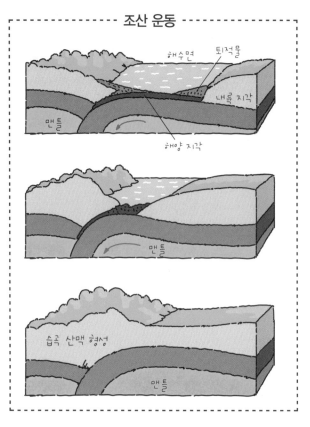

조산 운동

해수면　퇴적물

내륙 지각

맨틀

해양 지각

맨틀

습곡 산맥 형성

맨틀

되면서 남겨진 흔적을 **지질 구조**라고 하는데, 대표적인 지질 구조에는 습곡과 단층과 부정합이 있어. 말이 어렵지? 하나씩 살펴보자. 습곡은 휘어진 구조라고 생각하면 돼. 차곡차곡 쌓여 있던 지층이 양쪽에서 미는 힘을 오랫동안 받으면서 휘어져 구부러지면서 생긴 지질 구조가 습곡이야. 그런데 이때 양쪽에서 미는 힘이 너무 크게 되면 지층이 끊어져 버리면서 어긋나게 되는데 이를 역단층이라고

습곡

정단층

역단층

한단다. 또 지층이 양쪽에서 잡아당기는 힘을 강하게 받아도 끊어지는데 이러한 지질 구조는 정단층이라고 불러.

자석의 N극과 S극을 나눌 수 있을까?

지층은 해수면 아래에서 서서히 쌓이고 쌓이게 돼. 이렇게 생긴 지층의 위와 아래의 관계를 정합이라고 하지. 그런데 해수면 아래에 퇴적되었던 지층이 융기하면서 지표로 올라와 깎여 나가는 침식을 받고, 다시 해수면 아래로 침강하여 그 위에 새로운 지층이 쌓이기도 해.

이때는 지표 위로 올라갔던 지층은 사라지게 되지. 이렇게 연속적으로 쌓이지 않고 중간에 끊어진 지층이 있을 때, 그 아래 지층과 위 지층의 관계를 부정합이라고 한단다.

부정합의 형성 과정

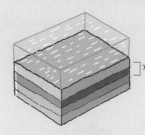  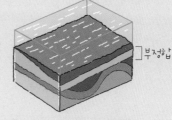

❶ 바다나 호수 밑바닥에서 퇴적물이 쌓여 지층을 형성한다.

❷ 지층이 지각 변동을 받아 융기한 후 풍화 작용과 침식 작용을 받아 표면이 깎인다.

❸ 지층이 침강한 후 물밑에 잠긴 지층 위에 새로운 지층이 퇴적된다.

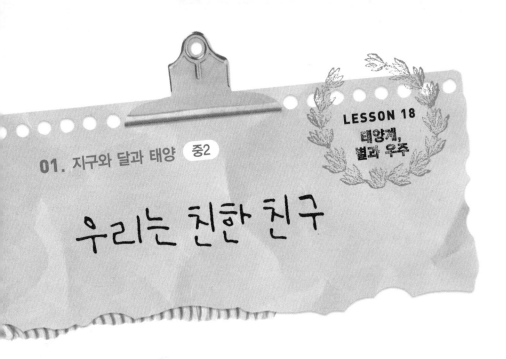

LESSON 18
태양계,
별과 우주

우리는 친한 친구

지구가 둥근 모양이라는 사실은 지금은 누구나 다 알잖아. 하지만 옛날에는 대부분의 사람들이 지구가 편평하다고 믿었대. 그래서 '지구가 둥글다' 라고 주장해도 그 사실을 받아들이지 못했어.

오늘날 우리는 지구가 둥글다는 사실을 어떻게 알게 되었을까? 가장 확실한 것은 인공위성에서 촬영한 지구의 사진이 둥글기 때문이야. 이외에도 지구가 둥글

다는 증거는 아주 많아.

월식 때에 달에 비친 지구의 그림자가 둥글게 보이는 것이나, 항구로 들어오는 배는 돛대부터 보인다는 사실도 모두 지구가 둥글다는 증거야.

둥근 지구는 그 크기가 얼마나 될까? 옛날의 과학자들도 지구의 크기가 얼마나 될지 너무 궁금했

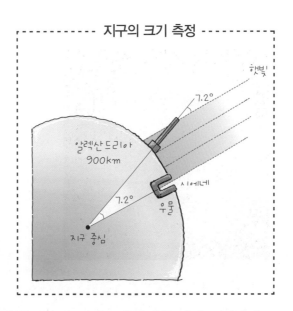

지구의 크기 측정

어. 고대 그리스의 과학자 아리스토텔레스는 둥근 지구의 둘레를 직접 구했단다.

그 방법은 다음과 같아. 우선 지구는 완전하게 둥근 구형이며, 지구로 들어오는 태양빛은 어느 곳에서나 평행하다는 가정을 했어. 그런 다음 떨어져 있는 두 지역인 시에네와 알렉산드리아의 거리와 그 거리에 해당하는 사이의 각을 구한 다음 직접 계산해 낸 거야. 물론 현재 지구의 둘레 40,000km에 비해서 오차는 나지만 지구의 크기를 구하려는 시도는 대단했던 거지. 오차가 난 이유는 시에네와 알렉산드리아가 같은 경도상에 있지 않았고, 지구도 완전한 구형이 아니라 적도 쪽이

달

조금 더 긴 구형이기 때문이야. 오늘날도 지구의 크기를 구할 때는 이 원리를 이용해서 측정한단다.

달은 지구의 주위를 돌고 있는 지구의 하나뿐인 위성이야. 달 표면을 관찰해 보면 밝은 부분과 어두운 부분이 있단다. 달에는 대기도 없고 물도 없어서 풍화나 침식 작용이 거의 일어나지 않아. 따라서 달

태양

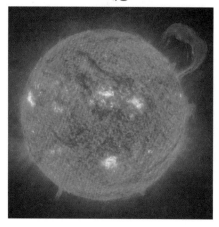

표면에 운석이 떨어지면서 만든 구덩이는 한번 생기면 계속해서 그대로 남아 있게 되는데, 그러다 보니 달 표면에 수많은 운석 구덩이가 생겼어.

달과 함께 우리에게 매우 친숙한 천체는 바로 태양이야. 태양은 지구에 있는 동물과 식물이 살아가는데 필요한 에너지를 공급해 주는 아주 고마운 친구지.

태양은 표면의 온도가 6,000℃에 이르는 아주 뜨겁고 거대한 가스 덩어리라고 생각하면 돼. 태양의 표면을 관찰해 보면 검은 점이 나타나는데, 이것이 흑점이야. 실제로 검은 점이 찍혀 있는 것은 아니고, 주변보다 온도가 낮기 때문에 지구에서 관찰할 때에 어둡게 보이는 것이지.

태양은 우리 눈에 둥글고 밝게 보이는데, 이러한 태양의 표면을 광구라고 불러. 이 광구의 둘레에는 분홍색을 띤 대기층인 채층과 가스가 폭발하면서 생긴 불꽃 모양의 홍염이 나타나기도 해.

 아폴로 우주인의 발자국이 달 표면에 아직도?

대기와 물이 없는 달에서는 풍화작용과 침식이 일어나지 않기 때문에 1969년에 달을 탐사하던 우주인의 발자국이 아직도 그대로 남아 있단다.

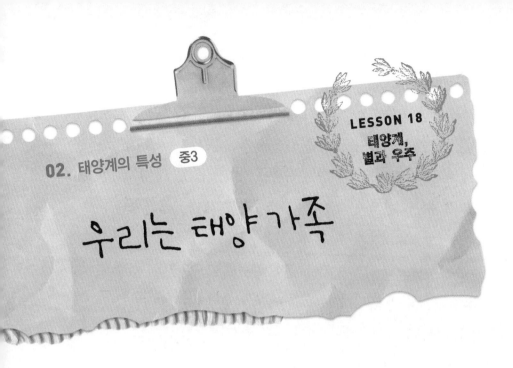

우리는 태양가족

우리가 사용하는 요일 속에 우주가 숨어 있다는 사실을 알고 있니? 월, 화, 수, 목, 금, 토, 일은 모두 우리 태양계 안에 있는 천체 이름에서 따온 거야.

태양계 안에는 태양을 중심으로 8개의 행성이 태양 주위를 돌고 있어. 우리가 살고 있는 지구도 그중 하나야. 태양에서부터 수성, 금성, 지구, 화성, 목성, 토성, 천왕성, 해왕성의 순서로 떨어져 있단다. 여러 행성들 중에서 지구 근처에 있는 수성, 금성, 화성은 크기가 작고 질량도 작아. 표면은 흙이나 암석으로 이루어져 있지. 거의 지구와 비슷하다고 생각하면 돼. 그래서 이 행성들을 **지구형** 행성이라고 부른단다.

반면에 목성, 토성, 천왕성, 해왕성은 크기도 크고 질량도 크단다. 그래서 이 행성들을 **목성형** 행성이라고 부르지.

행성들의 특징도 잘 기억해 두면 좋아.

태양에서 가장 가까운 **수성**은 대기가 없고 표면이 달과 비슷해. 많은 운석 구덩이를 가지고 있지. 다음으로 지구에서 볼 때 가장 밝게 보인다고 해서 샛별이라고도 불리는 **금성**은 표면 온도가 행성 중에서 가장 높단다. 어, 이상하지? 태양에서 두 번째로 떨어진 금성이 태양에서 가장 가까운 수성보다 표면 온도가 더 높다니! 그 이유는 이산화탄소 때문이야. 금성은 두꺼운 이산화탄소 대기로 둘러싸여 있어. 이산화탄소는 온실 효과를 일으키는 기체야. 에너지를 한 번 흡수하면 내놓지 않고 품고 있기 때문에 온도가 계속해서 올라가지. 그래서 금성의 표면 온도가 수성보다 더 높은 거야.

화성은 표면이 붉은 사막으로 뒤덮여 있어. 물이 흘렀던 자국도 남아 있단다. 화성의 양쪽 극지방에는 얼음과 드라이아이스로 덮여 하얗게 빛나는 극관이 있어. 여름에는 크기가 작아지고, 겨울에는 커지지.

목성은 태양계에서 가장 큰 행성이야. 표면에는 거대한 소용돌이에 의해서 나타나는 거대한 붉은 점(대적점)이 있단다. **토성**은 두 번째로 큰 행성인데, 아름다운 고리를 가진 것으로 유명하지. **천왕성**과 **해왕성**은 거의 기체로 이루어져 있고, 고리를 가지고 있단다.

태양계 안에는 이러한 행성 이외에 다른 천체들이 있어. **소행성**과 **위성**, **혜성**이야. 소행성은 주로 화성과 목성 궤도 사이에서 태양의 둘레를 돌고 있는 수천 개의 천체를 뜻해. 그리고 위성은 행성의 둘레를 돌고 있는 천체인데, 예를 들어 지구를 돌고 있는 달은 지구의 위성인 거지.

마지막으로 혜성은 얼음과 먼지로 된 천체로 태양 둘레를 타원이나 포물선 궤도를 그리면서 돌고 있어. 태양계를 말할 때 빼놓으면 섭섭하지.

행성에서 탈락한 명왕성

몇 년 전까지 태양계 내에는 9개의 행성이 있었어. 1930년에 발견된 태양의 9번째 행성인 명왕성이 그것이지.

하지만 76년 후에 IAU(국제 천문 연맹)에서 태양계 내의 행성에 대한 새로운 정의를 내리면서 이 정의를 만족시키지 못하는 명왕성은 태양계 행성에서 빠지게 되었단다.

명왕성은 특히 ③의 조건에 어긋난다고 해. 궤도를 자주 벗어나기도 한대.

2006년 8월 24일 IAU에서 내린 새로운 행성의 정의

① 태양을 돌며,

② 구형에 가까운 모양을 유지할 수 있는 질량이 있어야 하며,

③ 궤도 주변에서 지배적인 천체

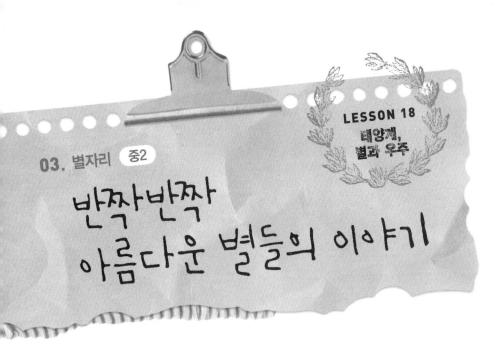

03. 별자리 중2

반짝반짝 아름다운 별들의 이야기

우리가 사용하고 있는 별자리는 아주 먼 옛날 메소포타미아 지방 사람들이 만든 것에서 유래되었어. 오늘날 세계적으로 사용하는 별자리는 88개야. 이 중에서 우리나라에서 관측할 수 있는 별자리는 50개 정도 된단다.

수많은 별들 중에 시간이나 계절에 관계없이 항상 관측되는 별이 있어. 바로 **북극성**이야. 항상 북쪽에 떠 있어서 예로부터 방향을 찾는 기준으로 이용했단다.

이 북극성 근처에는 우리가 가장 쉽게 찾을 수 있는 국자 모양의 **북두칠성**이 있어. 북두칠성은 **큰곰자리**를 이루는 별의 일부란다. 큰곰자리의 엉덩이와 꼬리

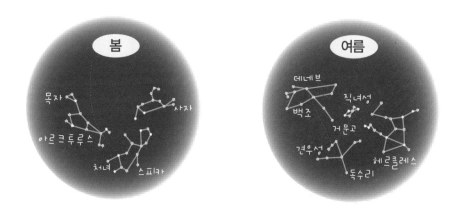

부분을 잘 보면 북두칠성을 볼 수 있어. 큰곰자리

처럼 북극성 근처에 있는 별자리들은 일 년 내내 밤하늘에서 볼 수 있단다. **카시오페이아자리**나 **작은곰자리**가 그렇지. 그러나 우리가 볼 수 있는 별자리는 대체로 계절마다 바뀐단다.

봄철에 눈에 띄는 별자리는 목자자리, 처녀자리, 사자자리야. 북두칠성에서 국자 모양의 손잡이에 해당하는 세 별을 연결해 보면 곡선을 이루는데, 이 곡선을 연장하면 목자자리의 아르크투루스와 처녀자리의 스피카와 만나는 곡선을 그릴 수 있어. 이것을 **봄철의 대곡선**이라고 부르지.

여름철에 가장 쉽게 찾을 수 있는 별자리는 백조자리야. 그리고 화려한 은하수를 사이에 두고 거문고자리의 직녀성과 독수리자리의 견우성이 보인단다. 견우와 직녀 이야기는 다 알지?

가을철에는 큰 사각형 모양의 페가수스자리가 잘 보여. 이 사각형을 중심으로 안드로메다자리나 물고기자리와 같은 많은 별자리가 나타난단다. 겨울철에는 특히 밝은 별들이 많아서 각각의 별자리를 찾기가 쉽단다. 오리온자리나 큰개자리를 쉽게 찾을 수 있어. 그리고 오리온자리에서 빛나는 '거인의 겨드랑이 밑'이라는 의미인 베텔게우스와 큰개자리의 시리우스, 작은개자리의 프로키온을 연결하면 삼각형이 나오는데, 이를 **겨울철 대삼각형**이라고 부른단다.

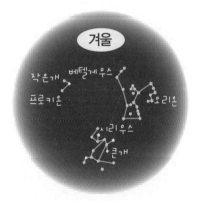

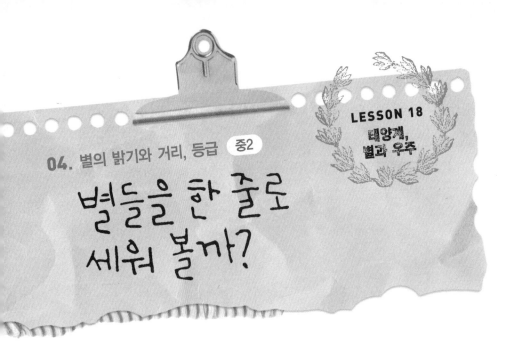

04. 별의 밝기와 거리, 등급 중2

별들을 한 줄로 세워 볼까?

밤하늘의 별을 바라본 적 있니?

도시에서는 대기 오염과 불빛 때문에 많은 별을 볼 수 없지만 주변에 불빛이 없고 대기가 깨끗한 곳에서 밤하늘을 보면 많은 별들을 볼 수가 있단다.

밤하늘의 별들 중에는 눈에 잘 보이는 밝은 별도 있고, 눈에 겨우 보이는 희미한 별도 있어. 이렇게 별의 밝기는 조금씩 다르단다.

옛날 그리스 사람들은 눈으로 봤을 때 가장 밝게 보이는 별을 1등성이라 하고, 가장 희미하게 보이는 어두운 별을 6등성이라고 정했어. 그 후에 1등성은 6등성보다 100배 정도 더 밝다는 사실이 밝혀졌지. 결국, 1등성과 6등성은 5등급이 차이가 나므로 한 등급 간의 밝기 차이는 약 2.5배인 거야.

등급이 낮을수록 밝은 별이고. 어떤 별이 6등성보다 2.5배 밝다면 1등급이 낮은 5등성인 거야. 어떤 별이 1등성보다 2.5배 어둡다면 1등급이 높은 2등성이 되

는 거야. 이와 같이 거리에 관계없이 우리 눈에 보이는 밝기에 따라 정한 별의 등급을 **실시 등급** 또는 **겉보기 등급**이라고 해.

이렇게 눈에 보이는 별의 밝기로는 그 별이 실제로 얼마나 밝은지를 알기는 어려워. 예를 들어 밝기가 똑같은 전구를 하나는 가까이에, 하나는 멀리 두고서 바라보면 똑같은 밝기의 전구인데도 불구하고 멀리 있는 전구가 가까이 있는 전구보다 더 어둡게 보이잖니. 별의 밝기도 별까지의 거리에 따라 달라질 수 있는 거야. 그러니까 눈으로 볼 때 밝게 보이는 별이 실제로 밝은 별인지, 거리가 가까워서 밝게 보이는지를 구분할 수가 없어.

그래서 모든 별이 같은 거리에 있다고 가정했을 때의 별의 밝기를 비교해야만 실제 그 별의 밝기를 정확하게 알 수 있단다. 이렇게 재는 별의 등급이 **절대 등급**이야. 절대 등급은 별이 지구로부터 32.6광년 떨어져 있을 때 관측된 별의 밝기란다. 따라서 겉보기 등급이 낮아서 밝게 보이더라도 절대 등급이 크다면, 그별은 실제로는 어두운 별이야.

별의 밝기는 별과의 거리가 멀어지면 멀어질수록 훨씬 더 어두워져. 보통 거리가 2배 멀어지면 별의 밝기는 $\frac{1}{4}$배 어두워지고, 거리가 3배 멀어지면 별의 밝기는 $\frac{1}{9}$배 어두워진단다.

이렇게 되는 이유는 별에서 보내는 빛이 거리가 멀어질수록 넓은 곳으로 퍼지

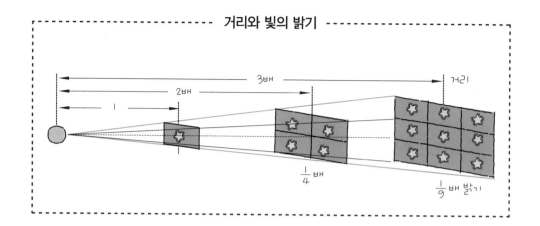

거리와 빛의 밝기

게 되면서 빛이 어두워 보이기 때문이야.

실제로는 태양보다 북극성이 더 밝아!

태양은 우리에게 아주아주 밝게 보인단다. 맨눈으로 바라보기가 힘들 정
도지. 그리고 북쪽 밤하늘에서 얌전히 빛나는 북극성은 우리가 볼 때 태양
보다 훨씬 덜 밝아 보이잖아. 그런데 실제로는 태양의 절대 등급은 4.80이
고, 북극성의 절대 등급은 −3.7로 북극성이 훨씬 더 밝은 별이란다. 그런
데 왜 북극성이 태양보다 더 어둡게 보이는 걸까? 그건 북극성은 태양에
비해 지구에서 아주 멀리 떨어져 있기 때문인 거야.

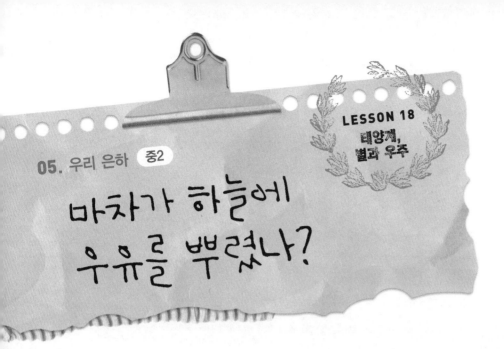
05. 우리 은하 중2

마차가 하늘에 우유를 뿌렸나?

여름철 맑은 날에 밤하늘을 바라보면 뿌옇고 희미한 띠 모양의 은하수를 볼 수 있어. 우리 조상들은 은하수가 마치 '용이 노니는 시내'와 같다고 해서 미리내라고 불렀지.

서양에서는 우유를 싣고 가던 마차가 우유를 흘리면서 뿌려진 것 같아 보인다고 해서 은하수를 '밀키웨이 (Milky Way)'라고 부른단다.

은하수는 도대체 무엇일까? 망원경으로 은하수를 관측해 보면 은하수가 수많은 별들로 이루어져 있음을 알 수 있어. 태양계가 속해 있는 '우리 은하'의 한쪽 단면을 바라본 것이

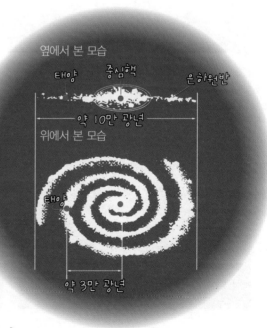

옆에서 본 모습

태양 중심핵 은하원반

약 10만 광년

위에서 본 모습

태양

약 3만 광년

우리 은하

은하수라는 사실도 밝혀졌지.

우리 은하라는 말이 뭔지 궁금하지? 원래 은하라는 것은 성단, 성운 등 거대한 천체들이 모여 있는 집단을 뜻하는데, 은하 중에서도 태양계가 속해 있는 은하를 우리 은하라고 한다. 우리 은하의 모습은 위에서 볼 때는 나선 모양을 하고 있어서 **나선 은하**라고도 불러. 옆에서 보면 가운데가 볼록한 원반 모양이지. 우리 은하의 지름은 약 10만 광년 정도로 아주 커.

태양계는 우리 은하의 중심으로부터 약 3만 광년 떨어진 나선 팔에 위치하고 있단다. 그래서 태양계의 위치에서 우리 은하를 바라보게 되면 우리 은하의 옆모습이 보이는데, 그것이 지구에서는 은하수로 보이는 거란다.

우리 은하를 더욱 자세히 조사해 보면, 그 안에 많은 성단과 성운이 있는 것을 알 수 있어. **성단**이라는 것은 쉽게 생각해서 별의 무리야. 즉, 여러 개의 별들이 모인 집단인 거지. 성단에는 크게 **구상 성단**과 **산개 성단**이 있어. 구상 성단은 수십만 개 이상의 늙은 별들이 **빽빽하게** 공 모양으로 모여 있는 성단이야. 이와는 대조적으로 산개 성단은 수십에서 수백 개의 젊은 별들이 허술하게 모여 있는 성단이란다.

성운은 이름에 쓰인 '운(雲운-구름)'이라는 글자처럼, 별과 별 사이에 있는 가

구상 성단

산개 성단

스나 티끌 같은 성간 물질들이 한곳에 모여
있어서 구름처럼 보이는 것이란다.

우리 은하 속의 다양한 성운

성운에는 발광 성운, 반사 성운, 암흑 성운이 있어. 발광 성운은 성간 물
질 가까운 곳에 있는 높은 온도의 별로부터 에너지를 받아 성운 스스로
가 빛을 내는 성운이야.

반사 성운은 스스로 빛을 내지는 못하고 주위의 별빛을 반사시켜서 밝
게 보이는 성운이지.

암흑 성운은 이름처럼 짙은 가스나 티끌이 위에서 오는 별빛을 가려서
어둡게 보이는 성운이야.

반사 성운

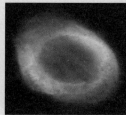

발광 성운

암흑 성운

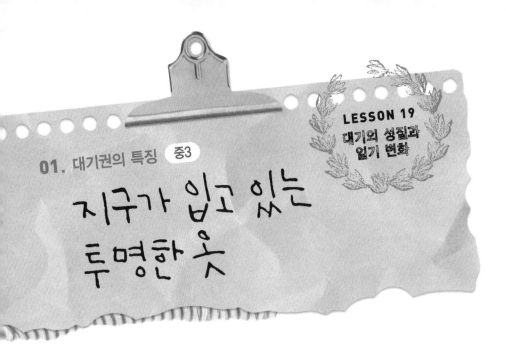

지구가 입고 있는
투명한 옷

사람들은 왜 옷을 입을까?

옷을 입으면 겨울에는 추위로부터 몸을 보호할 수 있고, 여름에는 따가운 태양
빛을 가릴 수 있기 때문이야. 우리는 우리 몸을 주변의 여러 가지 해로운 환경으
로부터 지키기 위해 옷을 입어.

우리가 살고 있는 지구도 마찬가지야. 공기라는 투명한 옷을 입고 있어. 지구를
기체인 공기가 둘러싸고 있어서, 옷이 우리 몸을 보호해 주
는 것처럼 공기가 우리 지구를 보호해 줘. 지구를 둘러싸고
있는 거대한 공기 덩어리를 **대기**라고 부른단다.

내가 입고 있는 옷은
마음 착한 친구들만
볼 수 있다고!

대기라는 옷이 해 주는 일이 뭘까? 지구에 살
고 있는 우리는 대기가 있어 호흡을 할 수 있어.
대기는 강렬한 태양빛 속에 있는 자외선을 차
단해 주는 일도 해. 밤에는 지구의 보온을
유지시켜 주는 일도 한단다.

이러한 대기는 지표면에서부터 약

1,000km 높이까지 퍼져 있어. 제법 두껍지? 이렇게 두꺼운 대기의 층을 **대기권**이라고 불러. 대기권은 높이에 따른 기온 변화를 기준으로 4개의 층으로 나눌 수 있단다. 지표면에서부터 높이 올라가면서 기온을 측정해 보았어. 이 측정값을 그래프로 그려 보니 옆의 그림과 같았지. 빨간 선이 바로 기온의 변화야.

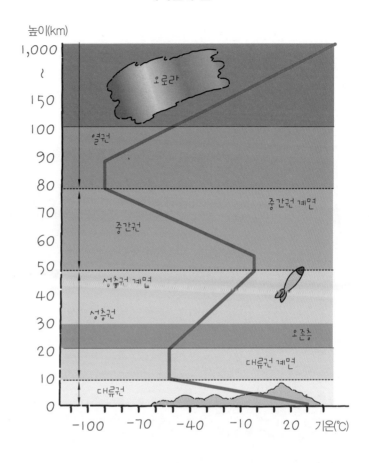

대기권과 온도

지표면에서부터 높이 올라가면서 기온이 내려갔다 올라갔다를 반복하지? 이것을 기준으로 대기권을 대류권, 성층권, 중간권, 열권 4개의 층으로 나눈단다.

지표면에서 높이 10km까지를 대류권이라고 해. 대류권은 높이 올라갈수록 기온이 내려가는 구간이라서 대류권 안에서 보면 아래쪽은 기온이 높고, 위쪽은 기온이 낮아. 대류권 안에서는 대류 현상이 활발하게 일어난단다.

따뜻한 공기는 가볍고, 차가운 공기는 무겁거든. 그래서 아래쪽에 있는 따뜻한 공기가 위로 올라가고, 위쪽의 차가운 공기가 아래로 내려오면서 공기가 움직이게 되지. 이를 **대류 현상**이라고 하는 거야. 대류 현상이 일어날 때 지표면에 있던 수증기가 따라 올라가면서 구름을 만들고, 이 구름에서 비나 눈이 내린단다. 그래서 대류권에서는 비나 눈이 오는 기상 현상이 생기지.

대류권 위쪽의 10~50km 사이는 높이 올라갈수록 기온이 올라가는 성층권이야. 성층권에서는 위쪽이 따뜻한 공기, 아래쪽이 차가운 공기라서 공기의 움직임이 없단다. 굉장히 안정되어 있는 층이기 때문에 비행기의 항로로 주로 이용돼.

성층권 안의 20~30km 사이의 구간에는 오존층이 분포하고 있어. 오존층은 태양빛 중에서도 어마어마하게 큰 에너지인 자외선을 흡수하고, 차단해 주는 역할을 하지. 만약 자외선이 지표면에 모두 도달한다면, 사람은 피부암이나 백내장에 걸리기가 쉬울 거야. 그만큼 강력한 에너지가 자외선인데 이 자외선을 성층권 안의 오존층이 흡수하고 차단해 주니까 얼마나 고마운 일이니.

성층권 위쪽의 50~80km 사이는 중간권이야. 중간권은 높이 올라갈수록 기온이 내려간단다. 따라서 아래쪽의 따뜻한 공기가 올라가고, 위쪽의 차가운 공기가 내려오면서 대류 현상이 나타나. 하지만 수증기가 없기 때문에 대류권과 달리 기상 현상은 일어나지 않는단다.

마지막으로 중간권 위의 80~1,000km까지에는 열권이 있어. 이 열권은 지구의 대기층 중에서 태양에 가장 가까이 있다 보니 높이 올라갈수록 기온이 아주 높단다. 열(熱열-덥다)이라는 글자가 들어간 이름만 봐도 알 수 있지. 이 열권은 공기가 아주 희박한데, 극지방 부근의 열권에서는 아름다운 오로라 현상이 발생하기도 해.

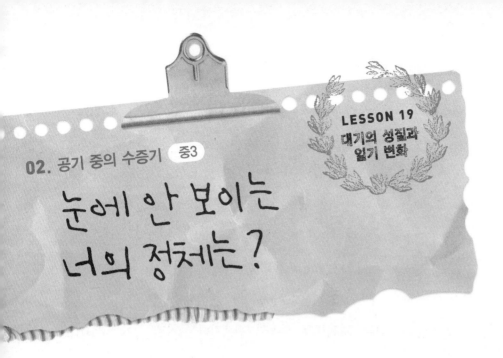

02. 공기 중의 수증기 중3

눈에 안 보이는 너의 정체는?

냉장고에서 막 꺼낸 차가운 물을 유리컵에 담아 둔 채로 가만히 놔두면 컵 표면에 물방울이 맺히는 것을 본 적이 있지? 이 물방울은 어디서 나온 것일까? 공기 속에 들어 있던, 눈에 보이지 않는 수증기가 차가운 컵의 표면에 닿으면서 물방울로 변신한 것이란다. 이것을 과학적으로는 '수증기가 응결했다'고 표현하지.

수증기가 응결되는 경우는 우리 주변에서 많이 찾아볼 수 있어. 안경을 쓴 사람이 추운 곳에 있다가 따뜻한 실내로 들어갔을 때 안경이 뿌옇게 된다거나, 풀잎에 이슬이 맺히는 것도 모두 수증기가 응결했기 때문이야. 이런 현상들을 보면서 우리가 살고 있는 공기 중에는 수증기가 들어 있다는 중요한 사실을 알 수 있지.

그렇다면 이런 수증기는 어디에서 생겨난 걸까? 바로 바다나 강물의 표면에서 물이 증발하면서, 그리고 물을 끓이면 눈에 보이지 않는 기체인 수증기가 되어 공기 중에 들어가게 되는 거야.

그러면 공기 속에 수증기가 끝없이 들어갈 수 있을까? 그렇지는 않아. 공기 속에 최대한 포함될 수 있는 수증기의 양은 일정하단다. 사람의 경우도 밥을 10공기, 20공기 무한정 먹을 수는 없잖니? 우리가 먹을 수 있는 한계가 있는 것처럼

온도와 포화 수증기량

포화
수증기량
(g/m³)

공기 속에도 들어갈 수 있는 수증기의 양에 한계가 있단다.

이와 같이 공기가 최대한 포함할 수 있는 수증기량을 **포화 수증기량**이라고 하고, 이렇게 최대한 수증기를 포함하고 있는 공기의 상태를 **포화 상태**라고 하는 거야. 그런데 이 포화 수증기량은 온도가 높으면 커진단다. 같은 공기인데도 온도가 높으면 포함될 수 있는 수증기의 양이 더 많아진다는 거지.

그런데 대부분의 공기 속에 들어 있는 수증기량은 포화 수증기량보다는 작단다. 날씨에 따라서 수증기가 많기도 하고 적기도 해. 현재 공기 속에 수증기가 많으면 눅눅한 느낌이 강해지면서 불쾌해져. 이때는 '습도가 높다'고 말하는데, 습도는 정확하게 계산할 수 있단다. 바로 그 공기가 최대한 포함할 수 있는 포화 수증기량에 대해서 현재 실제로 포함되어 있는 수증기의 양이 얼마냐를 알면 공기의 습도를 구할 수 있어.

$$\text{상대 습도(\%)} = \frac{\text{현재의 수증기량}}{\text{현재 기온에 대한 포화 수증기량}} \times 100$$

그런데 습도를 구할 때마다 공기 중의 수증기량을 측정하는 일은 어렵잖아. 좀 더 간편하게 습도를 측정하는 기구가 있어. 바로 **건습구 습도계**란다.

그림처럼 건구 온도계와 젖은 헝겊에 싸인 습구 온도계가 있어. 건조할수록 젖은 헝겊에서 물이 활발하게 증발하게 되지. 이때 물이 증발하면서 열을 많이 빼앗아가므로 습구 온도가 낮아져. 그러면 건구 온도와의 차이가 커진단다. 이렇게 건

건습구 습도계

구 온도와 습구 온도의 차이를 이용해서 습도를 구하는 거야.

습도가 높으면 불쾌해진다?

장마철이 되면 몸이 눅눅하면서 불쾌한 느낌이 들지? 이것은 습도가 높기 때문이야. 이처럼 사람은 습도가 높으면 불쾌한 느낌이 강해진단다. 따라서 기온과 습도에 의해 느끼는 불쾌감의 정도를 숫자로 나타내기도 하는데 이것을 불쾌지수라고 해. 바로 다음과 같은 식으로 구할 수 있어.

불쾌지수＝(건구 온도＋습구 온도)×0.72＋40.6

보통 불쾌지수가 78이상 되면 절반 이상의 사람들이 불쾌한 느낌이 강해져. 이럴 때는 서로의 감정을 자극하는 일은 피하는 것이 좋겠지.

LESSON 19
대기의 성질과
일기 변화

비와 눈은
구름의 고마운 선물

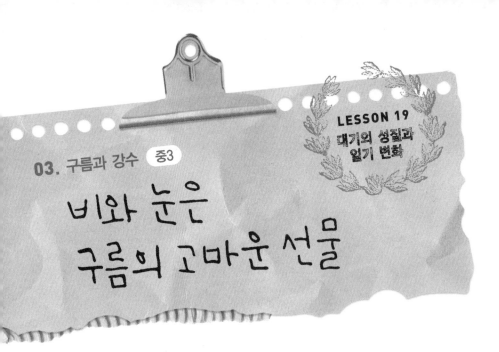

파란 하늘에 뭉게뭉게 떠 있는 구름은 참 예뻐 보여. 이 구름은 사실 작은 물방울이나 얼음 알갱이가 모여 있는 거란다. 어떻게 해서 하늘 위에 구름이 생겨났는지 궁금하지?

구름이 생기려면 꼭 공기가 상승해야 해. 지표면의 공기가 상승하는 경우는 여러 가지가 있어. 지표면의 일부가 가열된다거나, 바람이 산을 타고 올라가게 되면 공기가 상승하지.

이때 상승하는 공기 속에는 수증기도 들어 있단다. 지표면에서 위로 올라가면 위쪽은 공기의 양이 적어서 공기가 누르는 압력인 기압이 낮단다. 따라서 상승한 공기 덩어리는 팽창하게 되면서 온도가 내려간단다.

이 공기가 계속 상승하면 온도가 점점 더 내려가서 수증기가 응결하게 되는 이

슬점에 도달하게 돼. 그러면 수증기는 작은 물방울이 되지. 공기가 더 상승해서 온도가 0℃ 이하로 내려가면서 얼음 알갱이가 되기도 한단다. 이렇게 생긴 작은 물방울이나 얼음 알갱이가 우리 눈에는 구름으로 보이는 거야. 이렇게 만들어진 구름은 우리에게 귀한 선물을 준단다. 바로 눈과 비야. 구름으로부터 눈과 비가 만들어진다는 뜻이지. 그러면 구름 속에서 어떻게 눈과 비가 만들어질까?

우리나라와 같은 온대 지방이나 더 추운 한대 지방에서는 높게 발달한 구름 속에 작은 물방울이나 얼음 알갱이가 섞여 있어. 이 얼음 알갱이에 수증기가 달라붙어 커지면 눈이 되는 거야. 이 눈이 내려오다 따뜻한 공기층을 지나면서 녹으면 비가 되고, 차가운 공기층에서는 그대로 눈으로 내리는 것이란다. 반면에 더운 열대 지방에서는 구름이 만들어져도 대기층의 온도가 0℃보다 높아서 구름 속에 물방울만 있고 얼음 알갱이는 없지. 그래서 작은 물방울만 구름 속에서 합쳐진단다. 그러다가 커지면 무거워져 아래로 떨어져 비가 되지.

사람이 만드는 인공 강우

물이 부족한 나라에서는 인공으로 비가 내리게 한단다. 어떻게 비를 만드느냐고? 그 방법은 의외로 간단해. 비행기에서 작은 드라이아이스 가루나 요오드화은 연기를 구름에 뿌리면 이들이 구름씨 역할을 하면서 구름을 만들고 비가 내리게 되는 거란다.

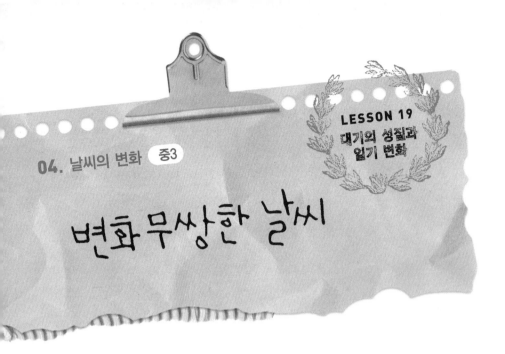

변화무쌍한 날씨

지구는 약 1,000km나 되는 두께의 대기로 둘러싸여 있잖니?

이런 대기 아래에 살고 있는 우리는 대기가 누르는 힘을 받게 되는데, 이러한 대기의 압력을 **대기압 또는 기압**이라고 해. 팩에 든 우유를 거의 다 먹고 나서 빨대로 팩 속의 공기를 빨아들이면 팩이 찌그러져. 이게 바로 대기압이 팩을 누르고 있다는 증거란다.

기압은 높이에 따라서 달라지는데 보통 상공으로 올라갈수록 낮아져. 주위보다 대기가 많이 모여 있어 기압이 높은 곳은 **고기압**, 대기가 적게 모여 있고 기압이 낮은 곳을 **저기압**이라고 부르지.

이때 공기는 고기압에서 저기압으로 이동하게 되는데, 이것을 **바람**이라고 해. 그런데 지표면 부근에서 부는 바람은 휘어져서 불어. 보통 북반구의 고기압 중심에서는 시계 방향으로 바람이 불어 나가고, 저기압의 중심에서는 반시계 방향으로 바람이 불어 들어오지. 이때 저기압 중심에 바람이 불어 들어오면서 모인 공기

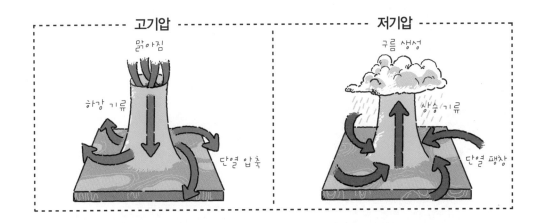

가 상승하는데, 이런 상승 기류가 생기면서 구름이 만들어지고 비나 눈이 오게 된단다. 반면에 고기압의 중심에서는 바람이 불어 나가면서 공기가 빠져나가므로 위쪽에서 하강하는 기류가 생겨 날씨가 맑아지지.

공기도 나름대로 특성이 있어. 예를 들어 추운 지방의 넓은 대륙에서 생겨난 공기는 차갑고 건조한 성질이 있는 반면, 따뜻한 해양에서 생겨난 공기는 따뜻하면서 수증기가 많이 포함되어 습한 성질이 있어. 이와 같이 기온이나 습도가 비슷한 공기끼리 모여 있는 큰 공기 덩어리를 **기단**이라고 해.

이러한 기단은 날씨에 많은 영향을 미친단다. 특히 우리나라의 경우는 계절에 따라서 영향을 받는 기단의 종류가 달라지면서 다양한 날씨가 나타나.

겨울에는 한랭 건조한 시베리아 기단의 영향으로 날씨가 춥고 건조해. 여름에는 고온 다습한 북태평양 기단의 영향으로 날씨가 덥고 습하고. 그리고 봄과 가을에는 고온 건조한 양쯔강 기단의 영향으로 따뜻하면서도 건조하지. 아참, 장마철에는 한랭 다습한 오호츠크 해 기단과 고온 다습한 북태평양 기단이 만나서 생겨나는 장마 전선 때문에 엄청나게 비가 오고 날씨가 궂은 거야.

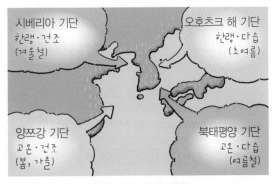

우리나라 주변 기단

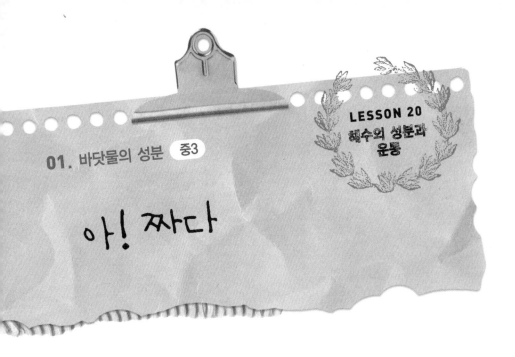

01. 바닷물의 성분 중3

아! 짜다

여름에 해수욕장에서 놀다가 어쩌다 바닷물을 한 모금이라도 삼키게 되면……. 정말 끔찍할 정도로 짜지?

이렇게 바닷물이 짠 이유는 바닷물에 짠맛을 내는 여러 물질이 녹아 있기 때문이야. 이렇게 바닷물에 녹아 있는 물질들을 **염류**라고 한단다. 이 염류는 지각을 이루는 물질이 녹아 있는 강물이나 지하수가 바다로 흘러들면서 만든 거야.

염류에는 여러 종류가 있어. 그중에서 가장 많이 들어 있는 것이 짠맛을 내는 염화나트륨이야. 그다음으로 많이 들어 있는 것은 쓴맛을 내는 염화마그네슘이란다. 그 외에도 황산마그네슘, 황산칼슘이 들어 있어.

바닷물 1kg을 증발시키면 35g 정도의 염류가 얻어진다고 해. 염전에서 만들어지는 천일염이 바로 바닷물을 증발시켜서 얻은 염류야. 이 염류가 녹아 있는 양은 바닷물에 따라서 조금씩 달라. 어떤 바닷물에는 염류가 많이 녹아 있어서 짜고, 어떤 바닷물에는 염류가 적게 녹아 있어서 덜 짜단다. 바닷물의 양에 비해 염류가 얼마나 녹아 있는지 양을 잘 비교하면 그 바닷물이 짠지 덜 짠지를 한 번에 알 수 있어. 이것을 **염분**이라고 해. 좀 어렵지?

물 965g

앗, 너무 짜!

바닷물 1,000g

염화나트륨 27.2g

염류 성분

염화마그네슘 3.8g
황산마그네슘 1.7g
황산칼슘 0.9g
기타 0.1g

 한미디로 염분은 바닷물 1kg에 녹아 있는 염류의 양(g)이야. 단위로는 천분율인 ‰(퍼밀)을 쓴단다.

 예를 들어 동해의 염분이 35‰이고 서해의 염분이 31‰이라면, 동해는 바닷물 1kg 속에 염류가 35g 녹아 있고, 서해는 31g이 녹아 있는 것이므로 동해 바닷물이 서해 바닷물보다 더 짜다는 것을 단번에 알 수 있어.

 바닷물의 염분은 보통 지역이나 계절에 따라 달라진단다. 예를 들어서 비가 많이 오는 지역이나 강물이 흘러드는 대륙 주변에서는 물이 섞이게 되면서 바닷물이 덜 짜므로 염분이 낮지.

 반면에 증발이 활발하게 일어나는 건조한 지역에서는 물이 증발해서 사라지니 바닷물이 더 짜겠지. 염분이 높다는 얘기야.

 이렇게 지역에 따라 염분은 차이가 나겠지만, 바닷물에 녹아 있는 물질들 사이의 비율은 항상 일정해. 예를 들어 염화나트륨은 염분이 36‰인 바닷물이나 32‰인 바닷물이나 모두 염류의 77%를 차지하고 있어. 즉, 전체 염류의 양은 달라지더라도 그중에서 각각의 염류가 차지하는 비율은 항상 일정하다는 **염분비 일정의 법칙**을 따르지.

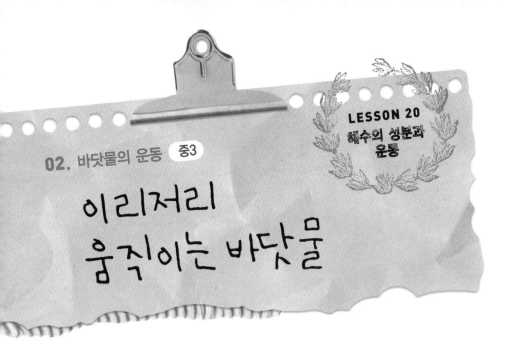

02. 바닷물의 운동 중3

이리저리 움직이는 바닷물

바닷가에 가면 끊임없이 파도가 치고, 물결이 일어나지. 이처럼 바닷물은 계속해서 움직인단다. 바람에 의해서 바닷물이 출렁일 때 생겨나는 파도를 해파라고 불러. 해파 중에서 연안 해파가 바로 우리가 흔히 보는 파도야.

바닷물은 이러한 움직임 말고도 해류가 있어. 1997년에 우리나라 사람이 전통

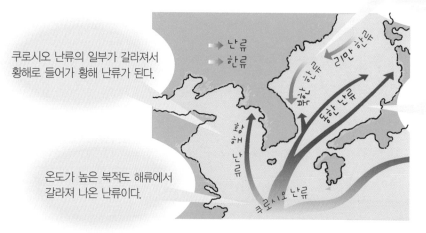

리만 한류가 남하하여 북한 한류가 된다.

쿠로시오 난류의 일부가 갈라져서 황해로 들어가 황해 난류가 된다.

쿠로시오 난류가 갈라지면서 대한해협을 통과하여 동한 난류가 된다.

온도가 높은 북적도 해류에서 갈라져 나온 난류이다.

우리나라의 해류

뗏목을 타고 제주도를 출발해서 일본에 도착했어. 이러한 일이 가능했던 이유는 제주도에서 일본으로 흐르는 바닷물의 일정한 흐름이 있었기 때문이야. 이처럼 바닷물이 강물처럼 일정한 방향으로 흐르는 것을 **해류**라고 해. 해류는 흔히 두 가지로 나뉘는데, 고위도에서 저위도로 흐르는 차가운 한류와 저위도에서 고위도로 흐르는 따뜻한 난류가 있어. 해류는 날씨에도 영향을 미쳐. 예를 들어 영국은 우리나라보다 북쪽에 있지만 주변에 난류가 흐르고 있기 때문에 겨울에 우리나라보다 더 따뜻하단다. 우리나라 주변에 어떤 해류가 흐르는지 알아보면 왼쪽 그림과 같아.

이러한 해류 외에 **조류**라는 움직임이 있어. 이것은 바닷물이 밀물이 되었다가 썰물이 되었다가 하면서 바닷물이 반복적으로 왔다 갔다 하는 흐름을 뜻한단다. 밀물과 썰물을 잘 모르겠다고? 밀물과 썰물은 우리나라 서해안에서 잘 볼 수 있어. 밀물은 말처럼 바닷물이 밀고 들어오는 흐름이고, 썰물은 바닷물이 쓸려 나가는 흐름이야. 밀물 때에 바닷물이 밀려 들어와 바닷물의 높이가 가장 높아졌을 때를 만조라고 하고, 썰물 때에 바닷물이 쓸려 나가면서 바닷물의 높이가 가장 낮아졌을 때를 간조라고 한단다. 이때 만조와 간조의 차이를 조차라고 하는데, 조차가 클수록 썰물 때에 갯벌이 많이 드러나게 되는 거야. 이처럼 바닷가에서 해수면의 높이가 규칙적으로 높아졌다 낮아졌다 하는 현상을 조석 현상이라고 한단다. 보통 만조에서 다음 만조, 간조에서 다음 간조가 되는 데에는 12시간 25분 정도 걸린다고 해.

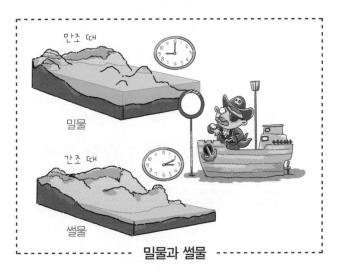

밀물과 썰물

과학성적 UP! UP!

과학은 어려울 것 같다는 생각 때문에 공부를 시작할 때 조금 두려운 마음도 있을 거야. 선생님이 쉬운 공부법을 알려 줄게.

우선 과학은 과목의 특성상 원리를 이해하는 부분이 많이 필요해.

따라서 첫 번째로 학교 선생님이나 여러 인터넷 강의를 통해서 원리를 반드시 이해해 두어야 해. 이때 어떤 원리가 나오면 일단은 그림과 사진 자료 혹은 비슷한 예, 또는 관련된 식을 풀면서 원리를 이해하는 것이 우선이지.

두 번째로 이렇게 원리가 이해된 다음에는 꼭 그 내용을 암기해 두어야 해. 물론 과학이 암기 과목은 아니야. 하지만 이해와 암기가 병행되어야 좋은 성적을 기대할 수 있어. 강의 중에 중요한 부분은 형광펜으로 표시를 해 둬. 시간이 지나서 다른 건 잊어버려도 이 부분은 다시 한 번 더 기억해 낼 수 있도록 말이지.

그리고 마지막으로 내용을 얼마나 잘 알고 있는지를 확인하기 위해서는 반드시 내용과 관련된 단원의 문제를 풀어 보아야 해. 이때 문제를 풀다가 틀린 문제가 있다면 어떤 부분에서 틀렸는지를 확인하면서 잘못된 개념을 고쳐 나가고, 맞은 문제는 내용을 다시 한 번 확실하게 익히는 시간을 꼭 가져야 하는 거야.

스타쌤의 과학 공부 요령 2탄

과학 공부를 할 때는 요점 정리와 오답 노트를 활용하면 좋단다.

일단, 요점 정리할 부분은 수업을 들을 때나 강의를 들을 때 형광펜으로 표시해 두는 거야. 빠르게 지나가는 수업이나 강의에서는 일일이 요점을 정리하기 어렵잖아. 이때는 눈에 띄는 색의 형광펜을 준비하고 있다가 중요하게 강조되는 부분이나 특히 헷갈리는 개념이 있는 내용을 얼른 형광펜으로 표시해 두는 거야

그리고 시험 공부를 하거나 다시 반복해서 공부할 때 이 부분을 집중적으로 공부아면 저절로 요점 정리가 되지.

그리고 문제를 많이 풀어 보는 것이 좋은데, 이때 더 중요한 것은 오답을 잘 체크해 두었다가 다시 틀리지 않게 훈련하는 거야.

문제 풀다가 틀린 부분은 시험 때 다시 틀릴 가능성이 많기 때문이야.

그래서 오답 노트를 만들면 좋단다.

틀린 문제는 따로 오답 노트에 써서 어떤 개념인지까지 잘 기록해 두고 시험 보기 전에 이 부분을 다시 한 번 확인하면 좋은 성적을 거둘 수 있단다.

이제 중학과학은
문제 없겠지?
파이팅!